JN279856

ラフ集合と感性

データからの知識獲得と推論

森 典彦・田中英夫・井上勝雄 編

KAIBUNDO

目　次

執筆者一覧　iv
はじめに　v

第1部・感性工学のためのラフ集合

第1章　ラフ集合の応用入門 …………………………………… 3

[1.1] はじめに　3
[1.2] 特徴の把握　4
[1.3] 集合について　5
[1.4] 情報表と縮約　7
[1.5] 決定表と識別行列　10
[1.6] 決定行列と決定ルール　18
[1.7] 決定表の指標　23
[1.8] ラフ集合による知識獲得と推論　26
[1.9] 自動車の応用事例　26
[1.10] その他の応用　33
[1.11] ラフ集合と従来手法の比較　35

第2章　ラフ集合ソフトウェアの使用方法 …………………… 51

[2.1] 推奨システム構成　51
[2.2] 解析ソフトウェアの入手方法　52
[2.3] ラフ集合ソフトウェアの実行　52
[2.4] 詳細情報　64

第3章 ラフ集合を用いて携帯電話ユーザーの特性を知る 65

[3.1] ユーザーと使用状況の関係を考える　65
[3.2] 使用する機能からユーザーを分類する　67
[3.3] 使用状況を調べる　68
[3.4] ラフ集合理論を用いて
　　　ユーザーグループの使用上の特徴を探る　70
[3.5] 決定ルールからユーザーグループの特性を考える　72
[3.6] おわりに　77

第4章 決定ルール分析法の提案 79

[4.1] 感性工学について　79
[4.2] 決定ルール分析法の提案　82
[4.3] 決定ルール分析法の求めかた　83
[4.4] デジタルカメラによる事例　91
[4.5] まとめ　100

第5章 多人数ルール条件部併合システムの応用例 105

[5.1] はじめに　105
[5.2] ラフ集合と多人数ルール条件部併合アルゴリズム　106
[5.3] ユーザーのオーディオ製品に関する選好調査　111
[5.4] 併合方法の違いによる併合ルール条件部の算出とその比較　123
[5.5] まとめ　128

第6章 グレードつきラフ集合 131

[6.1] はじめに　131
[6.2] 概念, 定義, データ　132
[6.3] 決定行列　136
[6.4] 決定ルール条件部の導出と知識表現　138
[6.5] 応用例：クルマのフロント部分のメーカー別特徴を把握する　143
[6.6] まとめ　150

第2部・応用のためのラフ集合の理論

第7章　ラフ集合に関する数学的準備と概念 …………………… 155

　[7.1] ラフ集合による近似　*155*

　[7.2] 同値類とは　*158*

　[7.3] 属性の縮約と If Then ルールの抽出の概念　*159*

第8章　ラフ集合と決定表の解析 …………………………………… 163

　[8.1] はじめに　*163*

　[8.2] ラフ集合の定義と性質　*164*

　[8.3] 情報表と識別不能関係　*166*

　[8.4] 決定表におけるラフ集合　*168*

　[8.5] 識別行列による縮約の計算　*171*

　[8.6] 決定行列による決定ルールの抽出　*173*

　[8.7] 上近似の利用について　*177*

　[8.8] おわりに―ラフ集合理論の展開　*178*

おわりに　*183*

索引　*185*

■ 執筆者一覧

森 典彦（もり のりひこ）
【第1章，第6章】
2003年まで東京工芸大学芸術学部特任教授
1928年生まれ
東京大学工学部応用物理学科卒業
日本デザイン学会名誉会員，日本感性工学会参与，日本知能情報ファジィ学会会員

田中英夫（たなか ひでお）
【第1章，第7章】
2009年まで広島国際大学心理科学部感性デザイン学科教授
1938年生まれ
大阪市立大学大学院博士課程修了 工学博士
日本知能情報ファジィ学会，日本OR学会などの会員

井上勝雄（いのうえ かつお）
【第1章，第4章】
広島国際大学心理科学部感性デザイン学科教授
1951年生まれ
千葉大学大学院工学研究科修了 博士（工学）
日本デザイン学会，日本感性工学会，日本知能情報ファジィ学会，日本人間工学会会員

広川美津雄（ひろかわ みつお）
【第4章】
東海大学教育研究所教授
1950年生まれ
千葉大学大学院工学研究科修了
日本デザイン学会，日本人間工学会，日本感性工学会会員

古屋 繁（ふるや しげる）
【第3章】
拓殖大学工学部工業デザイン学科教授 博士（工学）
1955年生まれ
千葉大学大学院工学研究科修了
日本デザイン学会，日本感性工学会会員

乾口雅弘（いぬいぐち まさひろ）
【第8章】
大阪大学大学院基礎工学研究科教授 博士（工学）
1962年生まれ
大阪府立大学大学院工学研究科博士前期課程修了
日本知能情報ファジィ学会，日本OR学会，システム制御情報学会などの会員

原田利宣（はらだ としのぶ）
【第1章，第5章】
和歌山大学システム工学部教授 博士（工学）
1963年生まれ
1990年千葉大学大学院工学研究科修了
日本デザイン学会，情報処理学会，感性工学会，人工知能学会会員

高梨 令（たかなし れい）
【第2章】
東京工芸大学芸術学部デザイン学科講師
1970年生まれ
千葉大学大学院工学研究科修了
日本デザイン学会，日本感性工学会会員

熊丸健一（くままる けんいち）
【第1章】
東京工芸大学芸術学部デザイン学科助手
1973年生まれ
東京工芸大学芸術学研究科博士後期課程修了 博士（芸術）
日本デザイン学会，日本感性工学会会員

井上拓也（いのうえ たくや）
【第1章】
NTTコムウェア（株）勤務
1976年生まれ
和歌山大学大学院システム工学研究科修了
日本デザイン学会会員

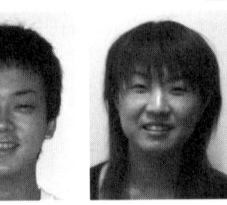

［左から］
榎本雄介（えのもと ゆうすけ）1978年生まれ
井藤孝一（いとう こういち）1979年生まれ
山田浩子（やまだ ひろこ）1981年生まれ
【第2章，第5章，解析ソフト制作】
和歌山大学大学院システム工学研究科修了
和歌山大学デザイン情報学科卒業
日本デザイン学会会員

はじめに

　今日，ラフ集合という新しい数学が，医学や工学，マーケティング，社会学などの多くの応用分野から熱い注目を浴びています．十数年前に，ファジィ理論がマスコミの話題になり，洗濯機やカメラなどの身の回りにある製品に使われはじめたのは記憶に新しいところです．現在では広い分野の製品の中に裏方として使われています．ラフ集合は，このファジィ理論を取り巻く数学的な考えかたの流れに類似しています．ラフ集合は1982年にポーランドのZ. Pawlak教授によって提案され，その応用のルール抽出も同教授により提案されています．ラフ集合では，同値関係や類似関係などによる集合を知識と考え，与えられた集合をこの知識で表現するのに，2つの近似の方法（ラフ近似）を提案しています．この概念を通常のデータ解析に応用した研究がなされています．また，不完全情報を持ったデータベースの検索でも用いられています．

　本書は，2002年12月に開催されたラフ集合理論の研究グループとデザイン系の感性工学の研究グループとの共同によるワークショップを契機に企画されました．ワークショップにおける交流の中で，今後の応用での発展が期待されるラフ集合の書籍は海外で多く英文で出版されていますが，日本語での書籍がまったくないことが話題になりました．そこで，その出版を強く希望するラフ集合の応用側の感性工学研究グループが中心になって企画立案されました．したがって，本書は日本で最初の日本語で書かれたラフ集合の本となります．

　このような背景から，本書の内容の大きな特徴は，ラフ集合の応用の視点からの入門書と事例書，理論書の3つの本を一冊にまとめたところです．そこで，入門・事例編と理論編の2部で，つまり，前半の「感性工学のためのラフ集合」と後半の「応用のためのラフ集合の理論」とで本書は構成されています．その違いを明確にするために，文章の文体を両者で異なるものにしています．また，ラフ集合を理解するためには，実際に身の回りのテーマで使ってみるのが近道で

す。しかし，ラフ集合の計算はサンプル数が多くなるとパソコンの助けが必要になります。そのために，本書で使われているソフトウェアについては，入手を希望する読者がインターネットから購入することができるような仕組みを築きました。そのソフトウェアの使いかたと入手方法は第2章で紹介しています。

　数学的な知識に自信のない大学生や社会人の読者は，前半の入門・事例編で十分理解できるように編集しています。一方，数学的知識を持つ専門家の読者は，後半の理論編から読み，前半の応用事例で，ラフ集合の内容理解の補強を行うことができます。

　以上のことをまとめる意味で，本書の各章の具体的な内容について以下に記します。入門・事例編の最初である第1章は，ラフ集合の考えかたを数学的な用語や表現をできるだけ抑えて，平易に解説しています。ラフ集合の概念的な考えかただけを知りたい読者は，この章を読むだけで十分理解できるように書かれています。次の第2章は，ラフ集合の使いかたを実際に体得したい読者に向けて，前述したラフ集合のソフトウェアの使用法について解説しています。とくに，卒業研究や修士論文作成でラフ集合を応用したい学生には最適です。

　第3章から第6章は，感性工学研究グループが行った事例研究を紹介しています。ラフ集合の応用に興味のある読者には，具体的な理解が深まると考えます。それ以外の読者にもラフ集合を深く理解するための良い例題になると思います。ただし紹介した感性工学への応用の事例はラフ集合の体系から見ればまだほんの一部を応用したにすぎません。対応して第1章もそれに関連する部分を中心に解説していますし，第2章のソフトウェアもこれらの事例に類した分析に必要なものに限っています。また事例ではラフ集合の分析のあとにいろいろな処理，解釈を加えていますが，それらはラフ集合とは関係なく，多くは統計的見地からなされています。

　第7章と第8章は，ラフ集合の理論を第一線で研究している研究者によって書かれた応用に関する理論編です。専門用語を用いながら，応用に使えるラフ集合の理論分野に焦点を絞り，数学的にはできるだけ平易に解説してあります。とくに，第7章はラフ集合の導入となる基礎的な考えかたを解説しています。この

章を理解することで，次の第8章の内容がよりわかるように配慮してあります。

なお本書の編集における，共同執筆者の広川美津雄の編者と変わらぬ尽力に対し，編者としての感謝をここに申し添えておきます。最後に，本書の企画を快く受けていただき，そして企画編集の全般にわたりご尽力いただいた海文堂出版編集部の岩本登志雄氏にこの場を借りて厚くお礼を申し上げます。

2004年3月　　編　者

第2版発行にあたって

2004年3月の刊行以来，日本で初めてのラフ集合の書籍として，関係学会の研究者はもとより広い分野の方々の注目を集め，2004年に日本感性工学会出版賞，翌2005年に日本知能情報ファジィ学会著述賞を，連続して受賞しました。

また，本書で紹介しているラフ集合ソフトウェアを入手できるサイトにも，ラフ集合を応用しようという予想以上の多くの読者のアクセスをいただいています。今後，みなさんの声をもとにして，ソフトウェアをより使いやすいものにし，手法も増やしていきたいと思っております。

最後に，本書が契機になって，ラフ集合の応用研究が広い分野で進展することを期待しています。

2006年3月　　編　者

第3版発行にあたって

本書の姉妹書となる『ラフ集合の感性工学への応用』（2009年12月）を刊行しました（2010年度日本感性工学会出版賞を受賞）。姉妹書では，読者からの要望を踏まえて，ラフ集合研究の歴史や多くの事例，手法ソフトの改訂版，可変精度ラフ集合などの新しい手法も紹介しています。本書と併せてご活用ください。

2011年9月　　編　者

第1部

感性工学のためのラフ集合

第1章

ラフ集合の応用入門

1.1 はじめに

　本書の第2部「応用のためのラフ集合の理論」でも詳しく述べるように，ラフ集合はとても新しい学問で，その研究がはじまって間もない分野です．しかし，現在では，その理論的な研究の発展は目覚ましいものがあります．そこで，本章では，この応用として感性工学の研究で使われることの多い，ラフ集合の考えかたの1つである情報表の縮約と決定ルールに焦点を絞り解説します．

　まず，最初にラフ集合の歴史と，どのような経緯で感性工学への応用がはじまったかについて簡単に話します．まず，ラフ集合は1982年にパヴラック (Z. Pawlak) によって提唱されました．これをもとに欧米のとくにポーランド出身の計算機の科学者たちがラフ集合理論と医療診断システムへの応用研究を行いました．医療データから病気と症状の因果関係を抜き出し，病気の原因となる症状を特定するという研究です．

　日本でも，その後すぐにラフ集合の研究がはじまりました．しかし，設計やデザインの関連の研究である感性工学 (とくに，プロダクトデザイン系) に応用が開始されたのは少し遅れて1990年代の後半に入ってからです．学会発表や研究

グループの中でラフ集合が応用可能であることが示されました．とくに，後述する決定ルールの考えかたが有効であることが提示されました．さらに，その研究者らによって感性工学への応用を目指した自動車のデザインや携帯電話のイメージ評価，パッケージデザインなどの事例研究[1]～[10]が発表されています．

最近では，「好きだ」「欲しい」といった選好の決定ルールを併合することでより確実に消費者から選好されるように選好適合度を上げようとする，感性工学の立場からのラフ集合の新しい試みも行われはじめています（詳細は1.11節を参照）．この考えかたは，デザインの発想支援にも貢献できるのではないかと期待されています．

1.2　特徴の把握

ラフ集合の解説に入る前の準備として，今後の説明と関係する特徴の把握に関して話したいと思います．私たちは知人と他人をどうやって見分けているのでしょうか．お気に入りの洋服とそうではないものをどうやって区別しているのでしょうか．

人間は対象（人やモノ）を見分けるとき，すべての要素（属性）を見て判断しているわけではなく，特徴を把握することで見分けています．特徴を把握することで，「人ごみの中にいる友達のAさんを連れに知らせる」とか，「気に入った洋服を店員に取ってもらう」ことなどができているはずです．

それでは特徴とは何か，さらに人が特徴を把握するということは一体どういうことなのか，考えてみましょう．まず，特徴づける上で重要な点を挙げると，「他と完全に区別できること」および「できるだけ端的な情報であること」となります．

たとえば，「友達のAさん」は「メガネをかけている」人で，「白髪」で，「背が高い」人だとします．ただし，Aさんのまわりにもう1人メガネをかけているBさんや，白髪のCさん，背が高いDさんがいると，完全な区別は難しくなります．これは私たちが，群衆の中にいる知人を誰かに教えるときによくあることです．このときにまず考えるのはAさんにしかない外見上の要素を探し，しかも

できるだけ端的に説明したいわけですから,他の人にはない外見上の要素を捉えようとするはずです。また,他の人にはない要素が見つからない場合は,「メガネをかけていて,かつ白髪で,…」というように要素の組み合わせが他の人にはないものを捉えます。

このように,言語による対象の記述は,「友達のAさんは,メガネをかけている人で,白髪で背が高い」というように,対象の持つ性質(特徴)を列挙することが多く行われています。この文章の例では,その対象は,「メガネをかけている」「白髪」「背が高い」の集まりのいずれにも属していることがわかります。

日常使われている言葉では,「白髪」や「背が高い」という表現が示すように,ある属性に関して対象を大まかに分類しています。対象をより正確に表現しようとすれば,「友達のAさんは,細長い茶色のメガネをかけている人で,髪の毛の82%が白髪で,身長が約180 cm」というように,より多くの性質を並べ上げることになります。

粗い記述は対象を十分に特定できないというデメリットがあります。一方,細かい記述は対象をより精密に特定するものの,本質が見極めにくくなりやすいという違う欠点を持っています。したがって,現実的には,そのときの状況に応じた,ほどよい記述のしかたが望ましいと考えられます。

つまり,その名称が示しているように,ラフ集合理論は対象の集合をうまく特定できる範囲で情報を粗く(ラフに)することで,対象の集合のほどよい記述を求める手法といえます。

以上,特徴の把握に関する説明で,ラフ集合について,理解するためのある程度のイメージを持ってもらえたことと思います。

1.3 集合について

本題のラフ集合の説明に入る前のもう1つの準備として,これからの説明に必要な集合について簡単に話しましょう。まず,aが集合Mの要素であることを,$a \in M$ と表します。そして,$a, b, c, \cdots$ からなる集合がMであることを,$M = \{a, b, c, \cdots\}$ で表記します。

1つの集合Aの一部分をなしている集合，すなわち，Aの要素の一部をその**構成要素**としているような集合のことを集合Aの**部分集合**と呼びます。集合Bが集合Aの部分集合であるとき，$B \subseteq A$と書きます。

空集合とは，要素を持たない集合です。本来は集合とはいえないものですが，数学的に便利なので用いられています。空集合を「ϕ」の記号で記します。

和集合とは，集合Aと集合Bの要素の全体を要素とする集合です。これを$A \cup B$と表します。**積集合**（共通集合）とは，集合Aと集合Bとに同時に属している要素全体の集合です。これを$A \cap B$と表します。これらの内容を図示すると図1.1のようになります。

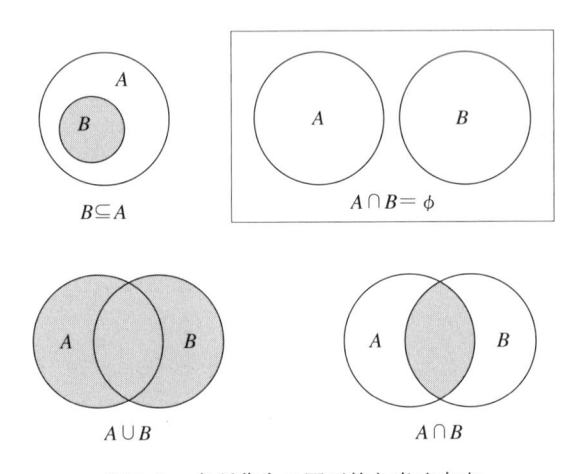

図1.1 各種集合の図形的な意味内容

図1.1の図形的な意味内容から，見ればすぐに理解できると思いますが，それは次の3つの集合演算が成り立っていることを表しています。

(1) $A \cup A = A, \ A \cap A = A$
(2) $A \cap (A \cup B) = A$ ［これは，$A \subseteq (A \cup B)$だからです］
(3) $A \cup (A \cap B) = A$ ［これは，$A \supseteq (A \cap B)$だからです］

以上の集合演算に対応して，ラフ集合の演算では，これらと関係の深い論理演算を用います。使われる論理記号は，or結合の「$\vee$」と，and結合の「$\wedge$」です。

この記号で上記の3つの集合演算を論理演算として書き換えると，次のようになります．

(1) $A \vee A = A,\ A \wedge A = A$ $[A + A = A,\ A \times A = A]$
(2) $A \wedge (A \vee B) = A$ $[A \times (A + B) = A]$
(3) $A \vee (A \wedge B) = A$ $[A + A \times B = A]$

「∨」を足し算，「∧」を掛け算に置き換えたものを，右の括弧の中に書いてあります．以降の説明では，よりわかりやすくするために，主にこの足し算と掛け算を用いて説明します．

これで準備が整いました．いよいよラフ集合の話に入りましょう．

1.4 情報表と縮約

ラフ集合の応用でよく用いられているデータとして，表1.1に示す調査データの例題を取り上げ，ラフ集合の扉を開いてみましょう．まず，この表は，多くの対象（自動車のサンプル：$s1, s2, \cdots, s6$）に対する属性値データを示した表で，**情報表**と呼ばれているものです．そして，表の上端にある「カラー」「造形」「ドアタイプ」「イメージ」「フロントマスク」を**属性**と呼びます．表に示すように各属性には，「色彩系」や「有機的」などの各種の属性のとる値（**属性値**）があります．

表1.1 自動車の調査データ（例題）

サンプル	カラー	造形	ドアタイプ	イメージ	フロントマスク
$s1$	色彩系	有機的	2ドア	パーソナル	キャット顔
$s2$	色彩系	曲線的	2ドア	スポーティ	ドッグ顔
$s3$	白黒系	曲線的	4ドア	フォーマル	ドッグ顔
$s4$	白黒系	有機的	4ドア	パーソナル	キャット顔
$s5$	白黒系	曲線的	4ドア	パーソナル	ドッグ顔
$s6$	色彩系	曲線的	2ドア	スポーティ	キャット顔

なお，表1.1の例題は自動車に関する形態的な特徴を各属性にして作成しました．実際に近い自動車の形態的特徴を各属性にした例題は，本章の後半で紹介しますが，ここではラフ集合の説明をわかりやすくするために，自動車に関係する，わかりやすい一般的な属性にしてあります．

各属性の具体的な内容としては，まず，「カラー」とは本体ボディーに関するものです．その属性値としては，はっきりとしたカラーである赤や青などは色彩系とし，メタリックを含む白やシルバー，黒などを白黒系としました．次に，「造形」に関しては，最近の自動車は曲線的なスタイルが多いですが，それをいっそう強調した有機的なものも見られるようになってきているので，それらを属性値にしました．また，自動車の代表的な形態的特徴としては「ドアタイプ」があるので，2ドアタイプと4ドアタイプを属性値にしています．そして，自動車の全体的なイメージを「パーソナル」「スポーティ」「フォーマル」の3つに大別し，属性値としました．「フロントマスク」は自動車の顔というべきものです．そこでデザイナーの視点から，ランプとグリルの形と配置が猫の顔を暗示するキャット顔と，犬の顔を暗示するドッグ顔に分け，属性値としてあります．

ここで，対象（サンプル）全体の集合 $U = \{s1, s2, s3, s4, s5, s6\}$，属性の全体集合を $AT = \{$カラー，造形，ドアタイプ，イメージ，フロントマスク$\}$ とします．

次に，説明をわかりやすくするために，属性の全体集合 AT の任意の部分集合 A として，$A = \{$カラー，造形$\}$ をとり，それを表1.2に示します．カラーと造形の属性値から，サンプル間の**同値関係**（詳細は第7章参照）を見てみましょう．

表1.2 2つの属性による情報表

サンプル	カラー	造形
$s1$	色彩系	有機的
$s2$	色彩系	曲線的
$s3$	白黒系	曲線的
$s4$	白黒系	有機的
$s5$	白黒系	曲線的
$s6$	色彩系	曲線的

まず，サンプル $s2$ とサンプル $s6$ とは，「色彩系」および「曲線的」と，各属性のとる値は同じなのが読みとれます．同様に，サンプル $s3$ とサンプル $s5$ も，「白黒系」および「曲線的」と，各属性のとる値は同じです．他方，サンプル $s1$ とサンプル $s4$ は，属性 {造形} の「有機的」では同じですが，属性 {カラー} は異なっています．このことから，同値類の集合は，次のようになります．

$$\{\{s1\}, \{s2, s6\}, \{s3, s5\}, \{s4\}\}$$

これは，属性のカラーと造形で，サンプルを粒状にしたものであり，属性の集合 $A = \{$カラー, 造形$\}$ に対する**基本集合**と呼ばれています．

この結果は，この部分集合 $A = \{$カラー, 造形$\}$ の属性では，対象 (サンプル) を個々に識別できないことを示しています．具体的に説明しましょう．たとえば，部分集合 $A = \{$カラー, イメージ, フロントマスク$\}$ とし，3 つの属性で同値類の集合を調べます．そのために表 1.3 を作成します．

表 1.3　3 つの属性による情報表

サンプル	カラー	イメージ	フロントマスク
$s1$	色彩系	パーソナル	キャット顔
$s2$	色彩系	スポーティ	ドッグ顔
$s3$	白黒系	フォーマル	ドッグ顔
$s4$	白黒系	パーソナル	キャット顔
$s5$	白黒系	パーソナル	ドッグ顔
$s6$	色彩系	スポーティ	キャット顔

表 1.3 の各属性のとる値をじっくり眺めると，先ほどの表 1.2 の場合とは違って，すべての対象 (サンプル) に対して同じものがありません．つまり，同値類の集合は

$$\{\{s1\}, \{s2\}, \{s3\}, \{s4\}, \{s5\}, \{s6\}\}$$

となり，6 つのサンプルを完全に識別することができました．

もちろん，表 1.1 でも 6 つのサンプルを識別できますが，5 つの属性を用いないで，つまり，それよりも少ない 3 つの属性だけでサンプルを識別できることが

示されています。なお，基本集合という観点から表 1.3 と表 1.1 は同じであるといえます。

ラフ集合では，情報表で与えられたすべての属性の集合 AT と同等に対象を識別できるために必要な最小の属性の部分集合を**縮約**と呼びます。つまり，はじめの情報表の基本集合と，その情報表の属性よりも少ない部分集合の表の基本集合が同じならば，その部分集合は縮約となります。

表 1.3 の場合の属性の集合は，$A = \{$カラー, イメージ, フロントマスク$\}$ですから，表 1.1 の情報表の縮約は $\{$カラー, イメージ, フロントマスク$\}$ となります。

一般に，縮約は複数個存在することが多いので，もう一度，表 1.1 の情報表を，時間をかけてじっくり眺めてみましょう。すると，属性の部分集合 $\{$ドアタイプ, イメージ, フロントマスク$\}$ も 6 つのサンプルを完全に識別できることがわかるので，これも縮約となります。つまり，表 1.1 の情報表の縮約は，$\{$カラー, イメージ, フロントマスク$\}$ と $\{$ドアタイプ, イメージ, フロントマスク$\}$ の 2 つあることになります。

以上のように縮約を求める考えかたは簡潔なので，大きな情報表でもプログラミングの知識があればパソコンを用いてそれほど苦労せずに求めることができます。

縮約の考えかたは，自社製品と他社製品の違いを端的にユーザーに説明しようとするときに有効です。たとえば，サンプル $s1$ が自社の自動車で，その他のサンプルが競争他社である 5 社の自動車であるとき，$\{$カラー, イメージ, フロントマスク$\}$ あるいは $\{$ドアタイプ, イメージ, フロントマスク$\}$ の 2 つの属性の集合から説明できることになります。

1.5 決定表と識別行列

次に，先ほどの情報表を違う視点から考えます。この違う視点とは，多変量解析の重回帰分析の説明変数と目的変数の因果関係からです。情報表は数値でなくてカテゴリカルなデータですから，属性のどれか 1 つを目的変数，他を説明変

数と見なしたとき，多変量解析の数量化理論II類と同じデータ形式になります。本章の後半で数量化理論II類とラフ集合を比較して詳しく説明します。

情報表の属性の全体集合 AT が，説明変数に対応する条件属性の集合 C と，目的変数に対応する決定属性の集合 D に分けられるとき，この情報表を**決定表**と呼びます。表1.1の情報表を条件属性集合 C と決定属性集合 D に分けると表1.4に示すようになります。つまり，表1.4では，条件属性集合 $C=\{$カラー，造形，ドアタイプ，イメージ$\}$ と，説明の関係から，前述の「フロントマスク」の属性に代えて，決定属性集合 $D=\{$選好$\}$ としました。

なお，「選好」の属性値は，あるユーザーにサンプルの自動車が好きかどうかのアンケート調査を行った結果と考えてください。

表1.4　決定表

対象集合U	条件属性集合C				決定属性集合D
サンプル	カラー(C)	造形(F)	ドアタイプ(D)	イメージ(I)	選好
$s1$	色彩系	有機的	2ドア	パーソナル	好き
$s2$	色彩系	曲線的	2ドア	スポーティ	どちらでもない
$s3$	白黒系	曲線的	4ドア	フォーマル	どちらでもない
$s4$	白黒系	有機的	4ドア	パーソナル	好き
$s5$	白黒系	曲線的	4ドア	パーソナル	どちらでもない
$s6$	色彩系	曲線的	2ドア	スポーティ	好き

ところで，決定表は，条件属性の値に対する決定属性の値を示す決定ルールです。たとえば，表1.4のいちばん上の行は，次のIf-Thenルール形式の決定ルールです。

　　If[カラーが色彩系]and[造形が有機的]

　　　　　and[ドアタイプが2ドア]

　　　　　and[イメージがパーソナル]Then[選好は好き]

したがって，表1.4の決定表は6行(6つのサンプル)あるので，6つの決定ルールによって構成されていることになります。なお，If-Thenルール形式は，「If(条

件部) Then (結論部)」という構成になっています。

　ところで，決定属性集合 $D = \{$ 選好 $\}$ の属性値は，「好き」と「(好きと嫌いの) どちらでもない」の2つあり，この2つの値で，サンプルである対象全体の集合Uを $D1$ (好き) と $D2$ (どちらでもない) に分割することができます。この $D1$ と $D2$ は**決定クラス**と呼ばれています。決定クラスは決定属性の値であり，結論ともいいます。本書ではこの言いかたも用いることにします。したがって，表1.4の決定表は，好まれているサンプルの集合 $D1 = \{s1, s4, s6\}$ と，好まれていない，つまりどちらでもない評価のサンプルの集合 $D2 = \{s2, s3, s5\}$ に分割できます。なお，決定クラスは2つ以上の集合に分割することが可能です。

　次に，説明をよりわかりやすくするために，表1.5に示す条件属性集合 $A = \{$ カラー，造形 $\}$ で話を進めます。まず，属性の集合 $A = \{$ カラー，造形 $\}$ に対する基本集合は，$\{\{s1\}, \{s2, s6\}, \{s3, s5\}, \{s4\}\}$ です。いま，$D1 = \{s1, s4, s6\}$ を考えると，基本集合の意味で，$D1$ の部分集合になっているのはサンプル $s1$ とサンプル $s4$ です。

表1.5　2つの属性による決定表

サンプル	カラー(C)	造形(F)	選好
$s1$	色彩系	有機的	好き
$s2$	色彩系	曲線的	どちらでもない
$s3$	白黒系	曲線的	どちらでもない
$s4$	白黒系	有機的	好き
$s5$	白黒系	曲線的	どちらでもない
$s6$	色彩系	曲線的	好き

　言い換えると，決定クラス $D1$ (好き) の中のサンプル $s1$ とサンプル $s4$ のカラーと造形の属性値は，組み合わせで見たとき，決定クラス $D2$ (どちらでもない) の属性値と同じものがないので，これらの属性値は，必ず，決定クラス $D1$ と識別できるものといえます。このことをラフ集合の表現で書くと

$$A_*(D1) = \{s1, s4\}$$

となります．$A_*(D1)$ という記号は，決定クラス $D1$ の**下近似**であることを意味しています．言い換えると，サンプル $s1$ とサンプル $s4$ の属性値と同じ属性値を持つ自動車のサンプルは，必然的に決定クラス $D1$（好き）であることを示しています．なお，下近似であることがすぐにわかるように，記号「∗」は下付きで書きます．

一方，決定クラス $D1$ のサンプル $s6$ と決定クラス $D2$ のサンプル $s2$ の2つの属性に関する属性値は同じですが，決定クラスがそれぞれ異なります．属性値が同じであるということから，サンプル $s6$ とサンプル $s2$ は決定クラス $D1$ の可能性があるといえます．つまり，必ず決定クラス $D1$ と断言はできないが，その可能性があることになります．このことを前述と同じような表記の方法で

$$A^*(D1) = \{s1, s2, s4, s6\}$$

と書き，これを**上近似**と呼びます．$A^*(D1)$ の意味は，決定クラス $D1$（好き）である可能性のある対象の集合です．なお，上近似を表すために，記号「∗」は上付きで書きます．

ところで，別の表現を用いると，上近似とは決定クラス $D1$ の集合 $\{s1, s4, s6\}$ と基本集合 $\{\{s1\}, \{s2, s6\}, \{s3, s5\}, \{s4\}\}$ とが交わっているサンプルの集合です．この例では，$\{s3, s5\}$ が交わっていないので，それ以外のサンプルとなります．

以上，決定クラス $D1$ について，下近似と上近似を求めましたが，決定クラス $D2$ についても同じように求めると，次のようになります．

$$A_*(D2) = \{s3, s5\}$$
$$A^*(D2) = \{s2, s3, s5, s6\}$$

この下近似と上近似の関係を視覚的に理解してもらうために，図1.2を用いて説明しましょう．

2次元の同値関係で区分された $k1, \cdots, k30$ を基本集合と考えます．いま，X という集合が与えられたとき，X を基本集合 $k1, \cdots, k30$ で表現する方法が2つあり，下近似 $A_*(X)$ と上近似 $A^*(X)$ で表せます．具体的には次のようにな

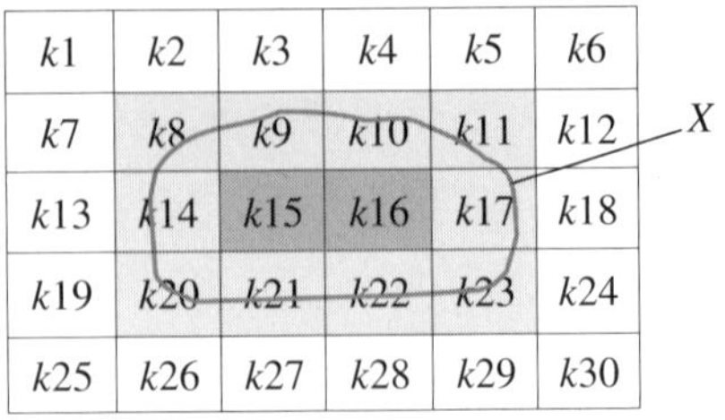

[第1部] 感性工学のためのラフ集合

$k1$	$k2$	$k3$	$k4$	$k5$	$k6$
$k7$	$k8$	$k9$	$k10$	$k11$	$k12$
$k13$	$k14$	$k15$	$k16$	$k17$	$k18$
$k19$	$k20$	$k21$	$k22$	$k23$	$k24$
$k25$	$k26$	$k27$	$k28$	$k29$	$k30$

図 1.2 下近似と上近似の図形的意味

ります。

$$A_*(X) = \{k15, k16\} \qquad [A_*(X) = \{ki \mid ki \subseteq X\}]$$
$$A^*(X) = \{k8, k9, k10, k11, k14, k15,$$
$$\qquad k16, k17, k20, k21, k22, k23\} \quad [A^*(X) = \{ki \mid ki \cap X \neq \phi\}]$$

つまり、図 1.2 が図形的に示しているように、下近似 $A_*(X)$ は、集合 X である手書きの楕円の中に完全に含まれている基本集合です。これは、集合 X を表す必然性のある基本集合であるといえます。他方、上近似 $A^*(X)$ には、楕円と交わっている基本集合も含まれます。これは集合 X を表す可能性のある基本集合であるといえます。

それでは、視覚的なイメージとして理解できたところで、表 1.4 の決定表に戻って、この表の下近似と上近似について考えてみましょう。つまり、はじめの条件属性集合 $C = \{$カラー, 造形, ドアタイプ, イメージ$\}$ と、決定属性集合 $D = \{$選好$\}$ の話です。

まず、前述の説明と同じように考えて、2 つの決定クラスの集合 $D1 = \{s1, s4, s6\}$ と集合 $D2 = \{s2, s3, s5\}$ の下近似 $C_*(D1)$ と $C_*(D2)$、および上近似 $C^*(D1)$ と $C^*(D2)$ を求めると、表 1.4 をよく眺めるとすぐにわかるように

$$C_*(D1) = \{s1, s4\}, \qquad C^*(D1) = \{s1, s2, s4, s6\}$$
$$C_*(D2) = \{s3, s5\}, \qquad C^*(D2) = \{s2, s3, s5, s6\}$$

となります。

これは条件属性集合 $A = \{$カラー, 造形$\}$ の場合とまったく同じ結果であることに気づいたでしょうか。このことについて詳しく考えてみましょう。

まず結論から述べると，前述した縮約と関係します。縮約とは対象を識別できるために必要な最小の属性の部分集合であるとすでに説明しました。条件属性集合 C は 4 つの属性を持ちますが，条件属性集合 A は 2 つの属性しか持っていません。2 つの属性でも同じ結果になるので，表 1.4 の決定表の縮約の 1 つは，$\{$カラー, 造形$\}$ ではないかと推測できそうです。

情報表の場合の縮約を求める方法についてはすでに説明したので，ここでは，決定表の場合の縮約を求める方法について具体的に話しましょう。まず，表 1.6 に示す $\{$選好$\}$ を決定属性集合とする**識別行列**を作成する必要があります。

表 1.6 $\{$選好$\}$ を決定属性集合とする識別行列

	s1	s2	s3	s4	s5	s6
s1	*					
s2	{F, I}	*				
s3	{C, F, D, I}	*	*			
s4	*	{C, F, D, I}	{F, I}	*		
s5	{C, F, D}	*	*	{F}	*	
s6	*	φ	{C, D, I}	*	{C, D, I}	*

この識別行列をどのように作成するか説明します。識別行列を見やすくするために，条件属性集合 $C = \{$カラー, 造形, ドアタイプ, イメージ$\}$ の各属性を，英語に翻訳した単語の最初のアルファベット記号に置き換えます。つまり，カラー (Color) は「C」，造形 (Form) は「F」，ドアタイプ (Door-type) は「D」，イメージ (Image) は「I」としました。

それでは，表 1.6 左上のサンプル $s1$ の列を下に向かって検討してみましょう。サンプル $s1$ とサンプル $s1$ は同じものなので，ここでは識別する対象としないという意味の記号「*」を付けます。サンプル $s1$ とサンプル $s2$ は，異なる決定クラスなので識別する対象になります。表 1.4 の決定表でこの両者のサンプルの異なる属性は，造形とイメージなので，表 1.6 の該当する欄に $\{F, I\}$ を記します。この意味は，サンプル $s1$ とサンプル $s2$ を区別するためには，属性の造形

またはイメージが必要であることを示しています。つまり，{F, I} は，{F or I} の意味です。

次のサンプル s1 とサンプル s3 も，異なる決定クラスですから識別する対象になります。決定表で異なる属性は，条件属性集合 C のすべてになるので，該当する欄に {C, F, D, I} と記します。

サンプル s1 とサンプル s4 は，同じ決定クラスに属すため，識別する対象にならないので，記号「∗」を付けます。サンプル s1 とサンプル s5 は，異なる決定クラスですから識別する対象になります。したがって，同様に検討して，該当する欄に {C, F, D} を記します。

その他のサンプル列も下に向かって同じように検討します。その中でサンプル s2 とサンプル s6 は，決定クラスが異なるにもかかわらず，条件属性集合 C のすべての属性値が同じという矛盾する関係です。この場合，異なる属性がないので，このことを表すために，空集合の記号「ϕ」を付けます。

以上の考えかたを用いてサンプル間の一対比較表を作成すると，表 1.6 に示す内容の識別行列になります。

この表 1.6 の識別行列の内容をすべて満たす必要があるので，記号「∗」と空集合以外のものに対して，and 結合である「∧」を用います。つまり

$(F, I) \wedge (C, F, D, I) \wedge (C, F, D) \wedge (C, F, D, I) \wedge (F, I) \wedge (C, D, I) \wedge F \wedge (C, D, I)$

となります。なお，前述したように括弧内は or 結合の「∨」となります。たとえば $(C, F, D) = (C \vee F \vee D)$ となります。そして，計算過程を理解しやすくするために，はじめの準備のところ (1.3 節) で説明した「+」と「×」の表現で書き換えると，次のようになります。

$$(F + I) \times (C + F + D + I) \times (C + F + D) \times (C + F + D + I)$$
$$\times (F + I) \times (C + D + I) \times F \times (C + D + I)$$

これを，1.3 節で述べた 3 つの演算を用いて展開・整理しましょう。上式の中には単独の F があるので

$$F \subseteq (F + I),\ F \subseteq (C + F + D + I),\ F \subseteq (C + F + D)$$

となり，このことから

$$(F+I) \times F = F, \ (C+F+D+I) \times F = F, \ (C+F+D) \times F = F$$

となります．したがって，上式は $F \times (C+D+I)$ となります．つまり，次のようになります．

$$F \times (C+D+I) = C \times F + D \times F + I \times F$$

つまり，計算結果は $(C \wedge F) \vee (F \wedge D) \vee (F \wedge I)$ となります．

　この計算結果より，決定表からの求める縮約は｛カラー，造形｝｛造形，ドアタイプ｝｛造形，イメージ｝の3つあることがわかりました．確かに，先ほど推測した｛カラー，造形｝が含まれています．

　この決定表の縮約の考えかたは，新たなサンプルがどのように選好評価されるかを推定する際に必要な最小の属性を求めることができるので，特徴抽出という意味ではとても有効です．

　一方，ここで求めた3つの縮約すべてに，属性｛造形｝が含まれています．これを**コア**と呼び，重要な属性であることを意味しています．

　いま，縮約｛カラー，造形｝の場合のルールを以下に示します．ただし，下近似のサンプルから得られるルールだけです（表1.5参照）．

($s1$): 　If［カラーが色彩系］and［造形が有機的］Then［選好は好き］

($s4$): 　If［カラーが白黒系］and［造形が有機的］Then［選好は好き］

($s3$): 　If［カラーが白黒系］and［造形が曲線的］Then［選好はどちらでもない］

($s5$): 　If［カラーが白黒系］and［造形が曲線的］Then［選好はどちらでもない］

　このように，下近似のサンプルが4つあるので，4つのルールが得られます．ここで，コアの属性｛造形｝だけで前述した基本集合を書くと

$$\{s1, s4\}, \ \{s1, s3, s5, s6\}$$

となります。このサンプル s1 とサンプル s4 は $D1$（好き）の部分集合ですから，上記の $(s1)$ と $(s4)$ のルールは次のように簡略化できます。

$$\text{If [造形が有機的] Then [選好は好き]}$$

このような極小決定ルールを得るための方法を次節で説明します。感性データからルールを求めるときには，この極小決定ルールがよく用いられています。

1.6　決定行列と決定ルール

前述したように表1.4の決定表は6つの決定ルールによって構成されています。この決定ルールの条件部では情報が多すぎるので，縮約の考えかたと同じように，必要な最小の決定ルールの条件部となって，決定クラス $D1$（好き）を説明できることが求められます。その絞り込まれた決定ルールを**極小決定ルール**（以降，決定ルールと表記）と呼びます。

決定ルールを求めるためには，{選好 = 好き} となる決定行列を作成する必要があります。それでは，この決定行列をどのように作成するか説明します。まず，決定行列を見やすくするために，表1.4の決定表の中にある条件属性の各属性値をアルファベット記号に置き換えます。ここでは，「カラー」の属性値の色彩系と白黒系をそれぞれA1とA2，そして「造形」の属性値の有機的と曲線的をそれぞれB1とB2，次の「ドアタイプ」の属性値の2ドアと4ドアをそれぞれC1とC2，最後の「イメージ」の属性値のパーソナル，スポーティ，フォーマルをそれぞれD1, D2, D3としました。

一方，条件属性の属性値と決定属性の属性値の違いをわかりやすくするために，決定属性の属性値は，「好き」と「どちらでもない」をそれぞれ数字の「1」と「2」としました（表1.7）。

前述の識別行列ではすべてのサンプルについて検討しましたが，表1.4の決定表から {選好 = 好き} となる決定行列を作成するのに用いるサンプルは，決定クラス $D1$（好き）の下近似 $C_*(D1) = \{s1, s4\}$ と，識別の相手となる対象の決定クラス $D2 = \{s2, s3, s5\}$ です。サンプル s6 は $D1$（好き）に属しますが，

表 1.7 決定表の書き換え

サンプル	カラー	造形	ドアタイプ	イメージ	選好(Y)
$s1$	A1	B1	C1	D1	1
$s2$	A1	B2	C1	D2	2
$s3$	A2	B2	C2	D3	2
$s4$	A2	B1	C2	D1	1
$s5$	A2	B2	C2	D1	2
$s6$	A1	B2	C1	D2	1

表 1.8 $\{選好=好き\ (Y=1)\}$ の決定行列

$C_*(D1) \diagdown D2$	$s2$	$s3$	$s5$
$s1$	B1, D1	A1, B1, C1, D1	A1, B1, C1
$s4$	A2, B1, C2, D1	B1, D1	B1

条件属性値が $s2$ と同じなので下近似に含まれません。そして，$C_*(D1)$ のサンプルを行に，$D2$（どちらでもない）のサンプルを列にした表 1.8 を作成します。

縮約は各属性に注目しましたが，決定ルールは属性値に注目するので，表 1.8 の左端のサンプル $s1$ とサンプル $s2$ は，サンプル $s1$ から眺めたサンプル $s2$ とは異なる属性値のアルファベットを記します。たとえば，サンプル $s1$ とサンプル $s2$ は，表 1.7 のサンプル $s1$ の視点から，B1, D1 が異なっているのが見てとれます。同じように検討して，$D2$ のサンプルすべてに対して，下近似のサンプル $s1$ とサンプル $s4$ から見た異なる属性値のアルファベットを記したものが表 1.8 の決定行列です。

この表 1.8 の決定行列の意味について再度考えてみましょう。まず，下近似のサンプル $s1$ に対して，サンプル $s2$ と区別するためには B1 または (or) D1 であり，サンプル $s3$ と区別するためには A1 or B1 or C1 or D1，サンプル $s5$ と区別するためには A1 or B1 or C1 です。サンプル $s1$ がサンプル $s2, s3, s5$ と区別できるためには，以上のことが同時に成り立つことが必要です。したがって，サンプル $s1$ がサンプル $s2, s3, s5$ と区別できるため，属性値は次のように

なります。

サンプル $s1$ の行: $(B1 \lor D1) \land (A1 \lor B1 \lor C1 \lor D1) \land (A1 \lor B1 \lor C1)$
$$= (B1 + D1) \times (A1 + B1 + C1 + D1) \times (A1 + B1 + C1)$$

ここで, $(A1+B1+C1+D1) \supseteq (A1+B1+C1)$ から, $(A1+B1+C1+D1) \times (A1+B1+C1) = A1+B1+C1$ となるので, 上式は $(B1+D1) \times (A1+B1+C1)$ となります。つまり, 次のようになります。

$$(B1 + D1) \times (A1 + B1 + C1) = A1 \times D1 + B1 + C1 \times D1$$

同じように, 下近似のもう1つのサンプル $s4$ に対して, サンプル $s2, s3, s5$ と区別できるため, 属性値は次のように計算されます。

サンプル $s4$ の行: $(A2 \lor B1 \lor C2 \lor D1) \land (B1 \lor D1) \land B1$
$$= (A2 + B1 + C2 + D1) \times (B1 + D1) \times B1$$
$$= (A2 + B1 + C2 + D1) \times B1$$
$$= B1$$

これらの結果から, サンプル $s1$ から得られる属性値から Y=1 と結論できます。また, サンプル $s4$ から得られる属性値からも Y=1 と結論できます。したがって, サンプル $s1$ からの属性値またはサンプル $s4$ からの属性値が用いられるので, or結合 ($\lor$) をすればよいことになります。つまり, 次のようになります。

$$\{サンプル s1 の行\} \lor \{サンプル s4 の行\}$$
$$= (A1 \times D1 + B1 + C1 \times D1) + B1$$
$$= B1 + A1 \times D1 + C1 \times D1$$

つまり, 求める決定ルールは次の3つになります。

If ［造形が有機的 (B1)］ Then ［選好は好き (Y=1)］

If ［カラーが色彩系 (A1)］ and ［イメージがパーソナル (D1)］
　　　　　Then ［選好は好き (Y=1)］
If ［ドアタイプが2ドア (C1)］ and ［イメージがパーソナル (D1)］
　　　　　Then ［選好は好き (Y=1)］

なお，この書きかたが決定ルールとしては正確なのですが，If-Thenルール形式の前半部の条件部だけに注目して，「表1.7の決定表の結論 Y=1 の決定ルール条件部は，B1, A1D1, C1D1 となる」というような簡潔な書きかたも用いられています。

ところで，求められた3つの決定ルールから，ユーザーに好まれる自動車は有機的な造形スタイルの車か，パーソナルなイメージを持つはっきりとしたカラー（色彩系）または2ドアタイプの車であることが示されています。これが知識獲得です。一方，これらの決定ルールからもたらされる情報は，ユーザーに好まれる自動車の企画と設計・デザインを推論するときのとても有益な知識となります。

同じようにして，決定属性 { 選好 } の属性値が「どちらでもない」（結論 Y=2）の場合の決定ルールも求めてみましょう。

結論 Y=2 の決定行列の作成するサンプルは，決定クラス $D2$（どちらでもない）の下近似 $C_*(D2) = \{s3, s5\}$ と，識別の相手となる対象の決定クラス $D1 = \{s1, s4, s6\}$ から，表1.9に示す決定行列になります。なお今回は，よりわかりやすくするために，決定ルールをすべて足し算と掛け算の演算だけで求めます。また，簡略化のために計算過程では掛け算の記号は省略してあります。

表 1.9 { 選好=どちらでもない (Y=2) } の決定行列

$C_*(D2)$ \ $D1$	s1	s4	s6
s3	A2, B2, C2, D3	B2, D3	A2, C2, D3
s5	A2, B2, C2	B2	A2, C2, D1

サンプル $s3$ の行： $(A2 + B2 + C2 + D3)(B2 + D3)(A2 + C2 + D3)$

$((A2 + B2 + C2 + D3) \supseteq (B2 + D3)$ より $)$

$= (B2 + D3)(A2 + C2 + D3)$

$= B2A2 + B2C2 + B2D3 + D3A2 + D3C2 + D3$

$= A2B2 + B2C2 + D3$

サンプル $s5$ の行： $(A2 + B2 + C2)B2(A2 + C2 + D1)$

$= B2(A2 + C2 + D1)$

$= A2B2 + B2C2 + B2D1$

{サンプル $s3$ の行} + {サンプル $s5$ の行}

$= (A2B2 + B2C2 + D3) + (A2B2 + B2C2 + B2D1)$

$= A2B2 + B2C2 + D3 + B2D1$

したがって，表1.7の決定表の結論 Y=2 の決定ルール条件部は，A2B2, B2C2, D3, B2D1 となります。

表1.7の決定表から，ユーザーが選ばない自動車は，白黒系のカラーで曲線的な車や，曲線的で4ドアタイプの車，フォーマルなイメージの車，または曲線的でパーソナルなイメージの特徴を持つ車であると示されています。これが知識獲得です。この特徴を避けて製品企画や設計・デザインをすれば失敗のないことが推論されます。

ここでは，決定クラスと下近似から決定行列を作成して決定ルールを求めましたが，実際の問題に応用した場合，その決定行列からでは決定ルールが求められない可能性があります。その際には，もう少し条件を緩めた上近似を用いた決定行列を作成して決定ルールを求める方法があります。その詳しい解説は第8章に譲ることにします。しかし新しいものを開発しようとする感性工学の立場では差別化の視点が反映されるので，決定ルールが求められないことはほとんどありませんし，さらにいえば，条件属性の値がすべて同じでありながら結論

(決定クラス) が異なるというデータは, 矛盾したデータとして見直すか削除するのが普通ですから, ある決定クラスの対象集合はそのままそのクラスの下近似となっていることが多いといってよいでしょう。この見地からいうと, 表 1.4, 表 1.7 はいわば矛盾を含む決定表であって, 感性を扱う実際の場では訂正されてしまうことが多いと思われます。本書で取り上げている応用例も矛盾を含まない決定表を用いています。ただし, ここではラフ集合の説明のために, より一般的な表 1.4, 表 1.7 を作ったわけです。

ここで, これまで説明してきた内容をまとめてみましょう。多くの対象に関する複数の属性の値からなる情報表をもとに, 対象を正しく分類するのに必要な最少の属性集合である縮約の考えかたと, 縮約属性によるルールが得られることを述べ, (極小) 決定ルールを抽出するというラフ集合の解析手法を紹介しました。

1.7 決定表の指標

感性工学の分野では, 後述する応用事例 (1.9 節) の内容からも理解できると思いますが, ラフ集合の中で決定ルールの考えかたが最も多く使われています。そこで, 求められた複数の決定ルール条件部のどれがどれだけ決定表の結論に寄与しているかを示す重視度的な指標があると, 分析結果の考察にとても有効な物差しになると期待されます。その物差しとして決定ルール条件部についての C.I. (Covering Index) という考えかたを用います[11]。

決定ルール条件部の C.I. とは, そのルールの結論と同じ決定クラスの対象数のうちでそのルールにあてはまる対象数の占める割合です。いいかえるとそのルールにあてはまる対象数をそのルールの結論と同じ決定クラスの対象数で割ったものです。

具体的にどのように求めるかを, 表 1.8 の決定行列から計算された決定ルール条件部を例にして説明します。その計算内容をわかりやすくするために作成したのが表 1.10 です。決定表の結論 Y=1 (好き) の決定ルール条件部は B1, A1D1, C1D1 と前述しましたが, その計算途中で求めたサンプル $s1$ の行の計算結果か

表 1.10 Covering Index (C.I.) の算出内容

Y=1	C.I.	s1	s4	s6
B1	2/3	*	*	
A1D1	1/3	*		
C1D1	1/3	*		

らは，このB1, A1D1, C1D1の3つが求められています．それを表したのが，表1.10のサンプル $s1$ の列の記号「*」です．そして，サンプル $s4$ の行の計算結果からは，このB1が1つだけ求められているので，表1.10のサンプル $s4$ の列に記号「*」が付くのはB1だけになります．

この決定ルール条件部のB1は，サンプル $s1$ とサンプル $s4$ の両方に記号「*」が付いているので，その「*」の個数は2つとなります．また，Y=1の対象数は3ですから，B1のC.I.の計算はC.I. = 2/3となります．つまり，B1は，結論Y=1（好き）に関するサンプル $s1$ とサンプル $s4$ の両方の識別に寄与していることを表しています．

次に，A1D1も同じような考えかたで検討すると，サンプル $s1$ だけに記号「*」が付いているので，「*」の個数は1つとなり，それをY=1の対象数3個で割ることになります．つまり，A1D1のC.I.の計算はC.I. = 1/3となります．C1D1の場合も同様の結果になり，表1.10のC.I.の列が計算されます．

このC.I.の具体的な計算内容からも理解されるように，高い値のC.I.は，決定ルール条件部が決定表の結論に寄与している割合が高いことを暗示しています．つまり，表1.10のC.I.の結果から，ユーザーに好まれる自動車は，パーソナルなイメージを持つはっきりとしたカラー（色彩系）または2ドアタイプの車よりも，有機的な造形スタイルの車であるといえます．このように，C.I.は決定ルールを評価する際にとても便利な物差しです．

ところで，この決定表の指標の1つであるC.I.の考えかた以外に，代表的なものとして，近似精度，近似の質，分割の近似の質という3つの物差しがあります．

表1.4の決定表で具体的に考えてみると

$D1$: 選好のサンプルの集合 $\{s1, s4, s6\} = 3$ 個のサンプル

U: 対象サンプルの全体集合 $\{s1, s2, s3, s4, s5, s6\} = 6$ 個のサンプル

- 間違いなく好き（あるいは，どちらでもない）と判断できる対象の集合（下近似）

$$C_*(D1) = \{s1, s4\} = 2\text{個のサンプル}$$
$$C_*(D2) = \{s3, s5\} = 2\text{個のサンプル}$$

- 好きでありうると判断できる対象の集合（上近似）

$$C^*(D1) = \{s1, s2, s4, s6\} = 4\text{個のサンプル}$$

となり，これらの値を用いて，近似精度，近似の質，分割の近似の質は，次のように計算されます．

$$近似精度 = \frac{|C_*(D1)|}{|C^*(D1)|} = \frac{2}{4} = \frac{1}{2}$$

$$近似の質 = \frac{|C_*(D1)|}{|D1|} = \frac{2}{3}$$

$$分割の近似の質 = \frac{|C_*(D1)| + |C_*(D2)|}{|U|} = \frac{4}{6} = \frac{2}{3}$$

この計算式から理解されるように，近似精度は条件属性Cの情報によって決定クラス $D1$ がどの程度近似できるかを示しています．また，近似の質は条件属性Cの情報によって決定クラス $D1$ のどの程度の要素が判断できるかを示しています．そして，分割の近似の質も同様に，条件属性Cの情報によって全体集合U内のどの程度の要素が正確に判断できるかを示しています．なお，この近似の質や分割の近似の質があまり低いときは決定表に戻って，その内容について見直す必要があります．

ところで，この3つの物差しは，決定表から求められる決定ルールの個々について議論するC.I.の考えかたとは異なり，決定表の全体としての内容について議論するものです。

1.8 ラフ集合による知識獲得と推論

ラフ集合の情報表に関する数学的な説明が続いたので，ここでは，応用されることの多い決定ルールをどのように用いるかについて考えてみましょう。1.6節で説明のために取り上げた自動車の例において，求められた決定ルールはそのまま知識獲得であること，そしてその情報をもとに自動車の企画・設計を推論できることを述べました。

縮約や決定ルールの応用のしかたはこのように大きくいって知識獲得と推論の2つに分類できます。知識獲得は決定表にある対象集合の範囲内で縮約や決定ルールを確実な知識として獲得するものであって，データマイニングの1つの方法といえます。一方，推論はその知識を，決定表にない，ありうべき対象（未知の対象）に拡大適用して推論するものです。決定表にある対象についてのルールは決定表にない対象にも，確実ではないが，ほぼあてはまるだろうと推論するわけです。製品企画に限らず，物事一般の新たな計画や，いまある物事の改善に応用するときがこのような推論です。

また実際の応用において，とくに推論を目的とする場合は，決定表の条件属性と結論との関係が因果関係を十分満たすように条件属性をそろえる必要があります。知識獲得が目的ならば条件属性が不十分でも決定表の範囲内での知識であることをわきまえてさえいればいいのですが，推論の場合は，結果に大きな影響を及ぼす原因を落としていては推論の精度がたいへん悪くなるからです。

1.9 自動車の応用事例

ここでは実際に近いラフ集合による知識獲得の事例を紹介します。自動車のフロント部分のデザインが，メーカー別にどのような特徴を持っているかを見

いだそうというものです。

　まず, 決定表を作成します。サンプルは世界で販売されている乗用車を対象とするため, スイスの都市ベルンにあるハルワグ社より発行されている「カタログ・デア・アウトモビル・レビュー 2000」から選出しました。メーカー別の特徴の中で, とくに日本の大手メーカーの特徴を中心に探ることを目的とするため, 日産車9台, トヨタ車9台, ホンダ車7台, 三菱車7台, その他国産車6台, 欧州車15台, 米国車7台の合計60台を選びました。

　属性は自動車のフロント部分のデザインとしました。過去の自動車のデザインに関するいろいろな研究例を参考にしながら, 誰が見てもデザインとして認知してもらえる7箇所を選定しました。これまでの例題と同じように, ラフ集合の属性関係はカテゴリカルデータで表記される必要があるため, 下記のような属性と属性値を設定しました。なお, 表1.7と同じように, 属性にAからGまでの記号を割り当て, それに数字を添えた属性値を用いています。

　　A：造形 (ボディーに対してグリル・ランプが独立した造形かどうか)
　　　　A1　ボディー面上に描かれたグリル・ランプ
　　　　A2　中間
　　　　A3　独立型グリル・ランプ
　　B：センター (ボディーや部品でフロントのセンターが強調されているかどうか)
　　　　B1　センターにアクセントなし
　　　　B2　センターにややアクセント
　　　　B3　ボディー造形・グリル・マークでセンターを強調
　　C：グリル (ランプと連続か一体化か)
　　　　C1　グリルなしかまたはランプと無関係
　　　　C2　ランプと切り離されているがやや関係あるグリル
　　　　C3　グリルとランプが一体化
　　D：ランプ (ランプの面積の大きさ)
　　　　D1　ランプの面積小さい
　　　　D2　ランプの面積中くらい
　　　　D3　ランプの面積大きい
　　E：表情 (ランプやグリルで表情のある顔かどうか)
　　　　E1　幾何的で無表情

> E2　犬のようなおとなしい表情
> E3　猫や猛禽類のような強い表情
>
> F：バンパー (大きく独自の形で目立つバンパー開口かどうか)
> F1　バンパー孔がなしかまたはほとんど目立たない
> F2　中間
> F3　バンパー孔が大きく独自の形でよく目立つ
>
> G：縦横 (横方向強調のデザインかどうか)
> G1　横方向強調はしていない
> G2　中間
> G3　顔全体のデザインで横方向強調

次に，選出した60台の自動車のサンプルに対して，前述のカタログに載っているサンプル写真に基づいて評価・検討して，上記の該当する属性値を設定しました．

その結果を表1.11に示します．なお，結論Yはメーカー別の決定クラスで，Y=1は日産車，Y=2はトヨタ車，Y=3はホンダ車，Y=4は三菱車，Y=5はその他国産車，Y=6は欧州車，Y=7は米国車を表しています．

(注) 本書では，27ページから28ページのように，各属性がいずれの値を取るかを示すA3 (独立型グリル・ランプ)，B1 (センターにアクセントなし)，E2 (犬のようなおとなしい表情) を属性値と称しているが，それぞれ「造形が独立型グリル・ランプである」「センターにアクセントがない」「表情が犬のようにおとなしい」を表す基本命題，あるいは原子命題 (atomic formula) と考えることができる．

表1.11 自動車のフロントのデザインとメーカー別の決定表

		A	B	C	D	E	F	G	Y
1	Micra	A2	B3	C2	D2	E2	F1	G1	1
2	Cube	A2	B1	C2	D2	E2	F2	G2	1
3	Almera	A2	B3	C2	D3	E2	F2	G2	1
4	Sunny	A3	B2	C2	D2	E2	F2	G2	1
5	Tino	A2	B3	C2	D2	E2	F2	G2	1
6	Primera	A2	B3	C2	D2	E2	F2	G2	1
7	Presage	A2	B2	C3	D2	E2	F2	G2	1
8	Cedric	A2	B1	C3	D2	E2	F2	G2	1
9	Cima	A3	B2	C2	D2	E2	F2	G2	1
10	Will Vi	A1	B1	C2	D2	E2	F2	G2	2
11	Yaris	A1	B2	C1	D2	E3	F2	G1	2
12	Starlet	A2	B1	C2	D2	E2	F2	G2	2
13	Carolla	A2	B2	C2	D2	E2	F2	G2	2
14	Celica	A1	B2	C1	D2	E3	F3	G1	2
15	Gaia	A2	B2	C2	D2	E2	F2	G2	2
16	Camry	A2	B2	C2	D2	E2	F2	G2	2
17	Progres	A3	B1	C1	D1	E2	F1	G1	2
18	Supra	A1	B1	C1	D2	E2	F2	G1	2
19	Civic	A2	B2	C2	D2	E2	F2	G2	3
20	Integra	A1	B1	C1	D1	E1	F2	G1	3
21	Accord	A2	B2	C2	D2	E3	F2	G2	3
22	Prelude	A2	B1	C2	D1	E2	F2	G1	3
23	Legend	A3	B2	C2	D2	E2	F2	G1	3
24	Capa	A2	B2	C2	D2	E2	F2	G1	3
25	HRV	A2	B1	C2	D2	E2	F2	G3	3
26	Lancer	A2	B2	C2	D2	E2	F2	G3	4
27	Mirage	A2	B1	C2	D2	E2	F2	G3	4
28	Dingo	A2	B1	C2	D3	E3	F1	G2	4
29	Carisma	A2	B2	C3	D2	E2	F2	G3	4
30	Galant	A3	B2	C3	D2	E3	F2	G3	4
31	GTO	A2	B1	C1	D2	E2	F3	G1	4
32	Space Wagon	A2	B2	C3	D2	E2	F2	G2	4
33	Mazda-Demio	A2	B2	C2	D2	E1	F2	G2	5
34	Mazda-626	A2	B2	C2	D2	E2	F2	G2	5
35	Mazda-Eunos500	A2	B2	C2	D2	E3	F2	G2	5
36	Subaru-Impreza	A2	B1	C2	D2	E2	F2	G2	5
37	Subaru-Legacy	A2	B2	C2	D2	E2	F1	G2	5
38	Subaru-Forester	A2	B1	C2	D2	E2	F1	G2	5
39	Volvo-C70	A2	B2	C2	D2	E2	F2	G2	6
40	Audi-TT	A1	B2	C2	D2	E2	F1	G2	6
41	Audi-S3	A2	B2	C2	D2	E1	F2	G2	6
42	Mercedes SLK	A2	B2	C2	D2	E2	F2	G1	6
43	Mercedes CLK	A2	B2	C1	D2	E2	F1	G1	6
44	Mercedes S	A2	B2	C2	D2	E2	F1	G1	6
45	BMW-Z3	A1	B3	C1	D2	E2	F2	G2	6
46	Opel-Corsa	A2	B2	C2	D2	E2	F2	G2	6
47	Opel-Omega	A2	B2	C2	D2	E2	F2	G2	6
48	VW-Golf	A2	B2	C2	D2	E2	F1	G2	6
49	Citroen-Picasso	A2	B2	C2	D2	E3	F2	G2	6
50	Citroen-Xantia	A2	B2	C2	D2	E1	F2	G2	6
51	Peugeot-206	A1	B2	C2	D2	E3	F3	G2	6
52	Peugeot-406	A2	B2	C3	D2	E3	F2	G3	6
53	Peugeot-607	A2	B2	C2	D2	E3	F2	G2	6
54	Buick-Century	A2	B2	C2	D2	E2	F1	G2	7
55	Cadillac-Seville	A2	B2	C2	D2	E1	F1	G2	7
56	Olds-Alero	A2	B1	C1	D2	E2	F2	G2	7
57	Ford-Focus	A2	B2	C2	D2	E3	F2	G2	7
58	Lincoln-Continental	A2	B2	C2	D2	E2	F1	G2	7
59	Chry-Neon	A2	B1	C2	D2	E2	F1	G2	7
60	Chry-300M	A2	B1	C1	D2	E2	F2	G2	7

ラフ集合の決定ルール計算ソフトを用いて，この作成された決定表からメーカー別の決定ルール条件部を求めると，表1.12に示す計算結果が得られました．

30　[第1部] 感性工学のためのラフ集合

表1.12(a)　決定ルール条件部とC.I.および該当対象番号 (国産車)

(日産車)

Y=1	C.I.	1	2	3	4	5	6	7	8	9
B3A2	4/9	*		*		*	*			
B3C2	4/9	*		*		*	*			
B3F1	1/9	*								
B3G1	1/9	*								
B3D3	1/9			*						
D3F2	1/9			*						
D3E2	1/9			*						
A3G2	2/9				*				*	
C3B1	1/9							*		

(トヨタ車)

Y=2	C.I.	10	11	12	13	14	15	16	17	18
A1C2B1	1/9	*								
A1D2B1	2/9	*								*
A1E2B1	2/9	*								*
A1G2B1	1/9									
A1E2G1	1/9								*	
A1C2F2	1/9	*								
A1B2F2	1/9		*							
C1B2A1	2/9		*			*				
A1B2G1	2/9		*			*				
A1D2G1	3/9		*			*				*
E3A1F2	1/9		*							
F3A1C1	1/9				*					
F3A1G1	1/9				*					
C1B2F2	1/9		*							
F3B2C1	1/9				*					
F3B2G1	1/9				*					
E3C1	2/9		*			*				
E3G1	2/9		*			*				
B1G1D2F2	1/9								*	
C1E2F2G1	1/9								*	
C1D2F2G1	2/9	*							*	
B1F1G1	1/9						*			
C1A3	1/9						*			
A3B1	1/9						*			
D1A3	1/9						*			
A3F1	1/9						*			
C1E2D1	1/9						*			
D1F1	1/9						*			
C1F1B1	1/9						*			

(ホンダ車)

Y=3	C.I.	19	20	21	22	23	24	25
A3G1B2	1/7					*		
D1C2	1/7				*			
B1G1C2	1/7				*			
A3G1C2	1/7					*		
D1A1	1/7		*					
E1A1	1/7		*					
D1F2	2/7		*		*			
D1A2	1/7				*			
E1D1	1/7		*					
E1C1	1/7		*					
E1B1	1/7		*					
E1G1	1/7		*					
F2G1A2B1	1/7				*			
A3G1F2	1/7						*	
A3G1D2	1/7						*	

(三菱車)

Y=4	C.I.	26	27	28	29	30	31	32
G3C2	2/7	*	*					
G3E2	3/7	*	*		*			
G3B1	1/7		*					
G3A3	1/7					*		
D3B1	1/7			*				
D3F1	1/7			*				
E3D3	1/7			*				
E3B1	1/7			*				
E3F1	1/7			*				
E3A3	1/7					*		
C3A3	1/7					*		
F3B1	1/7						*	
F3E2	1/7						*	
F3A2	1/7						*	
C1A2B1G1	1/7						*	
B1G1A2D2	1/7						*	

(その他国産車)

Y=5	C.I.
決定ルール なし	

表1.12(b)　決定ルール条件部とC.I.および該当対象番号（外国車）

（欧州車）

Y=6	C.I.	39	40	41	42	43	44	45	46	47	48	49	50	51	52	53
A1B2E2	1/15		*													
A1B2C2	2/15		*											*		
A1B2G2	2/15		*											*		
B2F1G1	2/15					*	*									
C1E2B2	1/15					*										
B2F1C1	1/15					*										
C1A2B2	1/15					*										
E3C2A1	1/15													*		
F3C2	1/15													*		
E3G2A1	1/15													*		
A1F1	1/15		*													
A1B3	1/15							*								
C1G2A1	1/15							*								
C1F1D2	1/15					*										
C1A2F1	1/15					*										
C1B3	1/15							*								
E3C3A2	1/15														*	
G3E3A2	1/15														*	
F3G2	1/15												*			

（米国車）

Y=7	C.I.	54	55	56	57	58	59	60
E1F1	1/7		*					
C1G2B1	2/7			*			*	
C1G2A2	2/7			*			*	
C1A2F2	2/7			*				*

　表1.12には，前述したC.I.と，その右側の各欄にはそれぞれの決定ルール条件に該当する対象（自動車のサンプル）の番号が記号「＊」でわかるように記してあります。たとえば，Y=1の最初のB3A2という決定ルール条件部は，C.I.が4/9すなわち9台あるうちの4台がY=1に当てはまることを示しています。その4台というのは対象1 (Micra), 対象3 (Almera), 対象5 (Tino), 対象6 (Primera)であることが記号「＊」の位置からわかります。このB3A2という決定ルール条件部を文章で表すと次のようになります．

　　「ボディー・グリル・マークでセンターを強調し，かつ，グリルやランプがボディーに対して独立かどうかが中間程度であることは，

MicraやAlmera, Tino, Primeraによって表される日産車の特徴であり，他社の自動車にはないものである．言い換えれば対象の60台のうち，この条件を持ちさえすればそれは確実に日産車であるといえる」

表1.12をさらによく眺めると，表からいろいろな知識を得ることができます．たとえば，日産車は，図1.3に示すように，高いC.I.の値をともなって，「ボディー造形・グリル・マークでセンターを強調」の属性値B3が求められた決定ルール条件部の中に多く見られることから，センターを強調したデザインを中心とした特徴がほぼ半分を占め，後の半分は個々の自動車ごとに異なる箇所に特徴があるデザインということが読みとれます．

決定ルール
共通の属性値

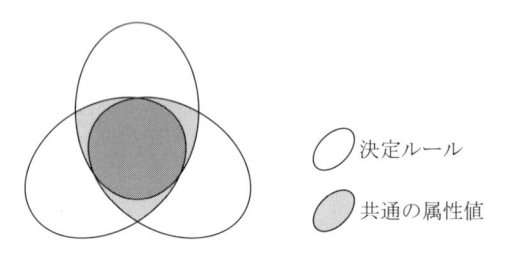

図1.3 日産車の1つの共通した観点を持つ特徴構造

日産車に比較するとトヨタ車の決定ルール条件部の内容は複雑です．つまり，たくさんの特徴があり，かつ個々の自動車ごとにほとんど異なっており，さらに構成する属性値も多くがこみいっています．この内容では，どこが特徴かと聞かれても人は答えに窮することと思われます．しかし，よく見ると各決定ルール条件部はばらばらなのではなく，構成する属性値の一部を共有しあっていることがわかります．つまり，図1.4に示すように，決定ルール条件部は連鎖状の構造を持っています．そのため，トヨタ車の特徴を明快に言えなくても，全体としてトヨタ車らしさをユーザーが感じているのは，この連鎖状の構造に起因していると考えられます．この連鎖状のつながりのことを認知科学の用語では，類縁関係あるいは家族的類似性の構造と呼んでいます．特徴の構造に，図1.3と図1.4

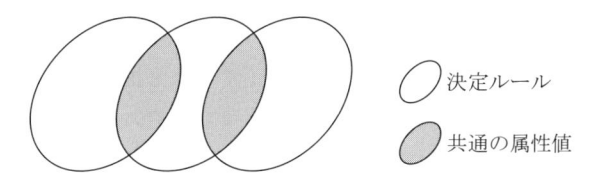

図 1.4 トヨタ車の連鎖状の特徴構造

に示す2つがあることは興味深い結果です。なお，9台中の5台すなわち約半数がこの特徴を持ちますが，その他は特徴がとくに明確に示されていません。

ホンダ車や三菱車は個々の自動車ごとに違う特徴を持っています。なお，「顔全体のデザインで横方向を強調」の属性値 G3 が，他の属性値と組み合わさった決定ルール条件部の中に多く見られます。これは三菱車の半数に見られる顕著な特徴です。両社ともトヨタ車と比較して決定ルール条件部の中の属性値数が少ないことから，わかりやすい特徴を持つと考えられます。ただし，ホンダ車はトヨタ車と同じように約半数が特徴を持つにすぎませんが，三菱車は7台中の6台が特徴を持つ点は注目に値します。

その他国産車 (Y=5) では決定ルール条件部は求まりませんでした。つまり，その他国産車はどの自動車をとってみても，7個の属性について日本の大手メーカーあるいは欧米のどれかと必ず同じ属性値の組み合わせになってしまうため，特徴にならないということが読みとれます。

その点，欧州車は違います。個々の自動車ごとに特徴を持ちます。しかし，15台中の6台であって，他の9台にはありません。最後の米国車に関しては，結果から特徴を持つ自動車の台数が少ないことが示されています。

1.10　その他の応用

上記は知識獲得の例でした。ここで，もし決定表の決定クラスを，たとえばイメージにして，スポーティやファミリーなどにすると，スポーティにするためのフロントデザインに関する決定ルール条件部が導出され，対象の60台に限らな

い，新しい自動車の推論に使えます．新たにデザインしたフロントがその条件さえ持つならばスポーティなイメージになるだろうと推論できるのです．

その他の例では知識獲得を目的として，会社のいろいろな広報活動を属性とし，主な会社を対象にして広報活動の実績を調べ，消費者が会社に対して抱くイメージのよしあしを決定クラスとすれば，イメージのよい会社はどんな広報をする点が他の会社と違うのかをはっきりさせることができます．このことと同時に，もし自分が新しい会社を興したならば，どんな広報活動をすればよいイメージの会社になるかという，推論の目的にもその知識は使えます．

決定クラスが多様になる場合もあります．たとえば，自動車やテレビなどの消費財の商品企画において，ユーザーに好まれるように計画したいという場合です．用意する決定表は，既存の商品を対象とし，デザインや仕様などを属性としますが，問題は商品が好まれるか好まれないかという決定クラスです．消費者の価値観の多様化につれ，ある商品が好まれるか好まれないかは人によって大きく異なるようになりました．つまり，決定クラスの内容が多様なのです．個人ごとに商品を計画するわけにはいきませんから，何とか統一した決定ルールを導きたいわけで，手っ取り早い方法は多様さの平均をとって決定クラスを統一することです．しかし，それでは個人の選好（好き）をあまりにも逸脱してしまいます．

そこで，新しく工夫されたのが決定ルール条件部の効果的な併合という方法です．個人の選好による決定クラスで個人ごとの決定ルール条件部を導出し，矛盾なく効果的に併合すると，それは決定表における決定ルール条件部ではありませんが，未知の商品が複数の選好を同時に満たす条件になりうるのです．1つの商品の持つ属性値の組み合わせが，その部分組み合わせごとに個々の選好に対応することによって複数の選好を分担する，というのが併合の方略なのです．この併合の方法や事例については，次の節で詳しく紹介します．

応用例はまだまだいくらでも考えられます．政治，経済，スポーツ界などで，とくに人の感性的な判断が介在しているような分野に応用すると威力を発揮します．その理由は，人の感性においては非線形な判断をすることが多いために，

各属性間の独立性を前提とする多変量解析などの線形的な分析では求められないことが多いのですが，その点，ラフ集合を使えば属性が単独でなくて組み合わせで求められるという意味で，非線形な問題に対処できるからです。

あまり複雑でない情報のときは，人もラフ集合の縮約や決定ルールの抽出に相当することを直観と洞察で行い，主要な属性値をキーワードとして探し求めますが，人の行うことはどうしても不正確になりがちです。また不正確かどうかもわかりません。ラフ集合ならば，どんなに複雑な情報からも確実にして無駄のない知識が得られるのです。

1.11　ラフ集合と従来手法の比較

商品企画において，「原因（形態属性）と結果（イメージ）との関係」を知識として得ようという試みがよくなされます。その分析に使われる手法として，因果関係を線形で近似できる場合は線形回帰モデルがよく用いられますが，設計やデザイン問題では因果関係が複雑なため線形では近似できない場合があります。そのような因果関係のモデル化には，ニューラルネットワークや遺伝的アルゴリズムがよく用いられてきました。これらのモデルを用いると設計試案がコンセプトに適合するかどうかの評価の推論を行うことができます。しかし，ニューラルネットワークによるモデルでは複数の属性が絡み合って結果に寄与するために，線形式における回帰係数のように個々の寄与という概念がありません。そのため，設計や商品企画を行う際にどの属性をどうすればいいかを定量的に知ることができません。また，遺伝的アルゴリズムによるモデルでは，最適解が求まっても1つ，もしくは少数であり，設計（デザイン）解空間の全体像が把握しにくいという特徴があります。よって，いくつかの少数の形態属性を同時にどのようにすれば，どのようなイメージになるかを知ることができるラフ集合が近年注目を集めつつあるのです。ラフ集合によって得られるいくつかの少数の形態属性（決定ルール条件部）を用いることでそれに適合するイメージを満たし，それ以外の形態属性をデザイナーが自由に発想することで商品企画を効率よく行うことができると考えられています。

そこで，本節では自動車のフロントマスクデザインをケーススタディとし，非線形を表現可能なラフ集合を用いて得られる決定ルール条件部と，線形性を基本とした数量化理論II類による効用値（カテゴリースコア）の比較を行い，ラフ集合による決定ルール条件部の特色を考察します。

1.11.1 自動車フロントマスクにおける形態要素の分類

まず自動車フロントマスクの形態要素の分類を行います。対象となるサンプル車種は，平成12年末の時点で一般に市販されていた国内外のセダンを中心に52車種を用いました（表1.13）。

フロントマスクを大きくライト部，グリル部，エアーインテーク部の3つの要素に分類し，サンプル車種に当てはまらない形態要素がないように各要素を構成する属性とその属性値を決定しました。なお，数量化理論では属性のことをアイテム，属性値のことをカテゴリーと呼びます。その分類を図1.5に示します[12]。図中の「記号」はそれぞれ属性値を表し，「補足説明」は各属性値においてその形態がわかりにくいものを図解したものです。

表1.13　自動車サンプル

1. ACCORD	19. CORONA PREMIO	37. Mercedes Benz THE SLK
2. ALTEZZA	20. CROWN	38. MILLENIA
3. ARISTO	21. CROWN MAJESTA	39. PLATZ
4. AUDI A4	22. DIAMANTE	40. PRESEA
5. BLUEBIRD	23. IMPREZA WRX ('00)	41. PRIMERA
6. CAMRY	24. IMPREZA WRX ('99)	42. PRIUS
7. CAPELLA	25. INSPIRE	43. PROGRES
8. CARINA	26. INTEGRA	44. PRONARD
9. CEDIA	27. LANCER	45. PULSAR
10. CEDRIC	28. LAUREL	46. SENTIA
11. CEFIRO	29. LEGACY B4	47. SKYLINE
12. CELSIOR	30. LEGEND	48. SOARER
13. CIMA	31. MARK II ('00)	49. SPRINTER
14. CIVIC 3DOOR ('00)	32. MARK II ('99)	50. SUNNY
15. CIVIC FERIO ('00)	33. Mercedes Benz C-CLASS	51. VISTA
16. CIVIC FERIO ('99)	34. Mercedes Benz E-CLASS	52. WINDOM
17. COROLLA ('00)	35. Mercedes Benz S-CLASS	
18. COROLLA ('99)	36. Mercedes Benz THE SL	

属性	属性値	記号	補足説明		属性	属性値	記号	補足説明
ライト 回り込み	Type-A Type-B Type-C	a1 a2 a3	ボディサイド方向 ボンネット方向 ボンネット ボディサイド 両方向	グリル	形状	長方形 台形 逆台形	f1 f2 f3	
サイドビュー	Type-1	b1			メッシュ 形状	ブラックアウト 縦メッシュ 横メッシュ 鷲鼻	g1 g2 g3 g4	
	Type-2	b2				網状	g5	
	Type-3	b3			サイズ	薄い 厚い	h1 h2	
				エアー インテーク	フォグとの 関係	分割型	i1	フォグライト無し 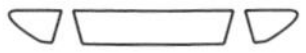
						フォグ 一体型	i2	フォグライト有り 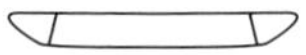
	Type-4	b4				フォグ 分割型	i3	フォグライト有り 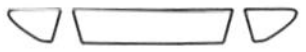
						分割無し型	i4	フォグライト無し 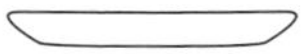
形状	丸型 四角型 異形	c1 c2 c3						
内部構造	目立つ 目立たない	d1 d2		全体形状		長方形 台形 逆台	j1 j2 j3	
数	2灯 4灯	e1 e2						

図1.5 自動車フロントマスクの形態要素分類

1.11.2　ラフ集合で得られる知識の特徴分析

　次に，ラフ集合による決定ルール条件部の特徴を調べるため，具体的な例題を使って数量化理論II類による効用値との比較を行います。

　前述の自動車のフロントマスクにおける形態要素を用い，評価（結論）を「好き／好きではない」「嫌い／嫌いではない」「スポーティである／スポーティではない」としてサンプル52車種（表1.13）を用いて被験者20名（18～24歳の男女の学生）に対しアンケートを行いました。表1.14はある被験者Aのアンケート結果を基にして，各結論において「そう思う」を1，「そうは思わない」を2とした決定表です。

表1.14 被験者Aにおける決定表

	サンプル	属性値	好き	嫌い	スポーティ
1.	ACCORD	a1 b2 c2 d2 e1 f3 g3 h1 i2 j2	1	2	1
2.	ALTEZZA	a3 b2 c2 d1 e1 f3 g3 h2 i3 j3	2	2	1
3.	ARISTO	a3 b2 c1 d1 e2 f3 g2 h1 i2 j3	1	2	2
4.	AUDI A4	a1 b3 c2 d1 e1 f3 g1 h2 i2 j3	2	2	2
5.	BLUEBIRD	a1 b1 c2 d2 e1 f3 g5 h2 i1 j3	2	2	2
6.	CAMRY	a1 b2 c2 d2 e1 f3 g3 h1 i3 j3	2	2	2
7.	CAPELLA	a1 b2 c2 d2 e1 f3 g5 h2 i3 j1	2	2	2
8.	CARINA	a1 b3 c2 d2 e1 f3 g3 h1 i2 j2	2	2	2
9.	CEDIA	a1 b2 c2 d1 e1 f3 g4 h2 i1 j2	2	2	2
10.	CEDRIC	a1 b2 c2 d1 e1 f3 g3 h2 i2 j1	2	1	2
11.	CEFIRO	a1 b2 c2 d1 e1 f3 g3 h2 i3 j3	2	1	1
12.	CELSIOR	a1 b2 c2 d2 e1 f3 g3 h2 i3 j3	2	1	2
13.	CIMA	a1 b1 c2 d2 e1 f3 g4 h2 i3 j2	2	1	2
14.	CIVIC 3DOOR ('00モデル)	a2 b4 c3 d1 e1 f3 g3 h1 i4 j3	1	2	1
15.	CIVIC FERIO ('00モデル)	a3 b2 c3 d1 e1 f3 g3 h1 i4 j2	2	2	2
16.	CIVIC FERIO ('99モデル)	a3 b3 c3 d1 e1 f3 g1 h1 i1 j3	1	2	2
17.	COROLLA ('00モデル)	a3 b2 c3 d2 e1 f3 g5 h1 i1 j3	2	2	2
18.	COROLLA ('99モデル)	a1 b2 c2 d2 e1 f3 g3 h2 i3 j3	2	2	2
19.	CORONA PREMIO	a1 b2 c2 d2 e1 f3 g3 h2 i3 j3	2	2	2
20.	CROWN	a1 b1 c2 d2 e1 f1 g5 h2 i2 j3	2	1	2
21.	CROWN MAJESTA	a1 b1 c2 d2 e1 f1 g2 h2 i3 j3	2	1	2
22.	DIAMANTE	a1 b3 c2 d1 e1 f3 g4 h2 i2 j3	2	1	2
23.	IMPREZA WRX ('00モデル)	a3 b2 c1 d1 e1 f2 g1 h1 i4 j3	1	2	1
24.	IMPREZA WRX ('99モデル)	a1 b2 c2 d2 e1 f3 g5 h2 i3 j3	2	2	1
25.	INSPIRE	a1 b2 c2 d2 e1 f3 g3 h2 i3 j3	2	2	1
26.	INTEGRA	a1 b1 c2 d1 e1 f3 g1 h1 i1 j3	1	2	2
27.	LANCER	a1 b3 c2 d2 e1 f3 g4 h1 i1 j3	2	2	2
28.	LAUREL	a1 b2 c2 d2 e1 f3 g3 h2 i2 j2	2	2	2
29.	LEGACY B4	a3 b2 c2 d2 e1 f2 g1 h1 i1 j2	1	2	2
30.	LEGEND	a1 b1 c2 d2 e1 f3 g3 h2 i2 j2	2	2	2
31.	MARK II ('00モデル)	a3 b2 c3 d1 e1 f3 g3 h2 i3 j3	2	2	1
32.	MARK II ('99モデル)	a1 b3 c2 d2 e1 f3 g3 h2 i2 j3	2	2	2
33.	Mercedes C-CLASS	a2 b2 c3 d2 e1 f3 g3 h2 i3 j2	1	2	1
34.	Mercedes E-CLASS	a2 b2 c1 d2 e2 f3 g3 h2 i3 j3	1	2	1
35.	Mercedes S-CLASS	a3 b2 c3 d2 e1 f3 g3 h2 i1 j3	2	2	2
36.	Mercedes THE SL	a1 b2 c2 d2 e1 f3 g3 h1 i2 j3	2	1	2
37.	Mercedes THE SLK	a3 b2 c2 d2 e1 f3 g1 h1 i2 j3	2	2	2
38.	MILLENIA	a1 b2 c2 d2 e1 f3 g4 h2 i3 j3	2	1	2
39.	PLATZ	a3 b2 c2 d2 e1 f3 g4 h1 i4 j3	2	2	2
40.	PRESEA	a1 b1 c2 d2 e1 f3 g1 h1 i3 j3	2	2	2
41.	PRIMERA	a1 b1 c2 d2 e1 f3 g4 h1 i3 j3	2	2	1
42.	PRIUS	a2 b4 c3 d2 e1 f3 g4 h1 i4 j1	1	2	2
43.	PROGRES	a1 b1 c2 d2 e2 f1 g3 h2 i2 j3	2	2	2
44.	PRONARD	a1 b2 c2 d1 e1 f3 g2 h2 i3 j3	2	2	2
45.	PULSAR	a1 b1 c2 d2 e1 f3 g3 h2 i1 j3	2	2	2
46.	SENTIA	a1 b3 c2 d2 e1 f3 g2 h2 i2 j3	2	2	2
47.	SKYLINE	a1 b2 c2 d1 e1 f1 g1 h2 i1 j1	2	1	2
48.	SOARER	a3 b4 c3 d1 e2 f3 g3 h1 i3 j3	1	2	1
49.	SPRINTER	a1 b1 c2 d2 e1 f3 g2 h2 i4 j2	2	2	2
50.	SUNNY	a1 b1 c2 d2 e1 f3 g2 h2 i1 j3	2	2	2
51.	VISTA	a1 b2 c2 d1 e1 f3 g4 h2 i2 j3	2	1	1
52.	WINDOM	a1 b2 c2 d2 e1 f3 g3 h1 i3 j3	1	2	2

(1) 「好き」「好きではない」に関する効用値算出比較

「好き」「好きではない」に関するラフ集合による決定ルール条件部，数量化理論Ⅱ類の効用値算出比較を行います。ここでは，被験者Aを例として用いることにします。図1.6は数量化理論Ⅱ類による効用値の算出結果をグラフにしたものです。数値が大きいほど「好き」への寄与が大きく，数値が小さいほど「好きではない」への寄与が大きいということを示しています。図1.7にラフ集合による決定ルール条件部，それに当てはまるサンプル，さらにC.I.を示します。これら得られた決定ルール条件部の合計は200を超えるため，図1.7ではその一部のみを示すことにします。

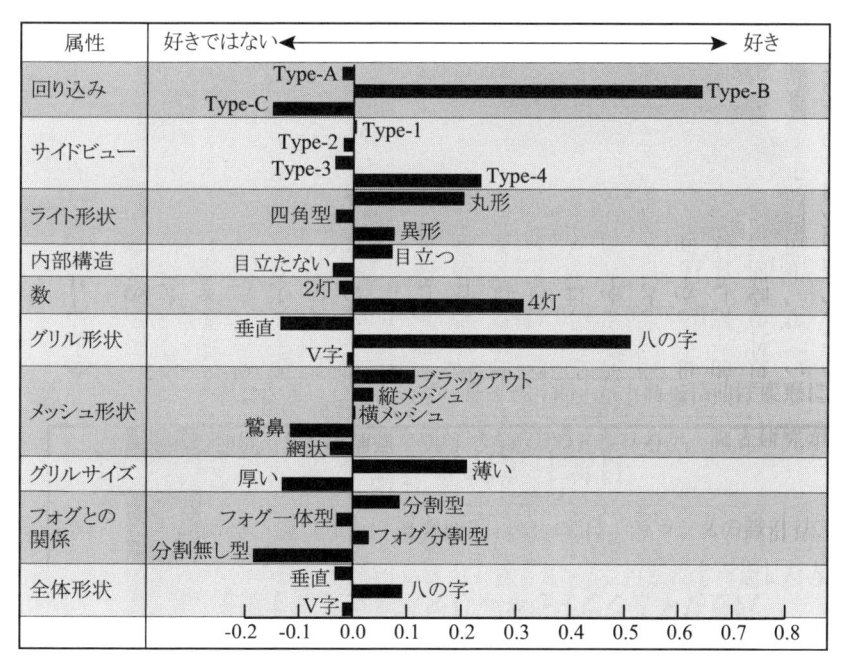

属性	好きではない ← → 好き
回り込み	Type-A, Type-C, Type-B
サイドビュー	Type-2, Type-1, Type-3, Type-4
ライト形状	四角型, 丸形, 異形
内部構造	目立たない, 目立つ
数	2灯, 4灯
グリル形状	垂直, V字, 八の字
メッシュ形状	鷲鼻, 網状, ブラックアウト, 縦メッシュ, 横メッシュ
グリルサイズ	厚い, 薄い
フォグとの関係	フォグ一体型, 分割無し型, 分割型, フォグ分割型
全体形状	垂直, V字, 八の字
	-0.2 -0.1 0.0 0.1 0.2 0.3 0.4 0.5 0.6 0.7 0.8

図1.6 「好き」における数量化理論Ⅱ類による効用値

[第1部] 感性工学のためのラフ集合

			サンプルNo.											C.I.
			1	3	14	16	23	26	29	33	34	42	48	
決定ルール条件部（形態要素）		d1h1j3 （目立つ，薄い，V字）	－	*	*	*	*	*	－	－	－	－	*	0.545
		a2 （Type-B）	－	－	*	－	－	－	－	*	*	*	－	0.364
		c1 （丸形）	－	*	－	－	*	－	－	－	*	－	－	0.273
		b2j2d2 （Type-2，八の字，目立たない）	*	－	－	－	－	－	*	*	－	－	－	0.273
		e2f3 （4灯，V字）	－	*	－	－	－	－	－	－	－	*	*	0.273
		b4 （Type-4）	－	－	*	－	－	－	－	－	－	*	*	0.273
		g1h1d1 （ブラックアウト，薄い，目立つ）	－	－	－	*	*	*	－	－	－	－	－	0.273
		g1i1h1 （ブラックアウト，分割型，薄い）	－	－	－	*	－	*	*	－	－	－	－	0.273
		e2a3 （4灯，Type-C）	－	*	－	－	－	－	－	－	－	－	*	0.182
		:					:						:	:
		j1h1 （垂直，薄い）	－	－	－	－	－	－	－	－	－	*	－	0.091
		j1i4 （垂直，分割無し型）	－	－	－	－	－	－	－	－	－	*	－	0.091
		h1j3g3a3 （薄い，V字，横メッシュ，Type-C）	－	－	－	－	－	－	－	－	－	－	*	0.091
		h1i3c3 （薄い，V字，異形）	－	－	－	－	－	－	－	－	－	－	*	0.091
		h1i3g3 （薄い，V字，横メッシュ）	－	－	－	－	－	－	－	－	－	－	*	0.091
		e2c3 （4灯，異形）	－	－	－	－	－	－	－	－	－	－	*	0.091

図 1.7　「好き」におけるラフ集合による決定ルール条件部

そのラフ集合によって得られた「好き」の決定ルール条件部のうち最も C.I. の大きい "d1h1j3" に注目してみます。d1，h1，j3 はそれぞれ「ライトの内部構造が目立つ」「グリルが薄い」「エアーインテークの形状が V 字型」を表しています。この組み合わせは被験者 A が好むと思われる 1 つのデザイン項目と考えます。この 3 つの属性値のうち「ライトの内部構造が目立つ」「グリルが薄い」は数量化理論 II 類による効用値からも「好き」への寄与が見られますが，「エアーインテークの形状が V 字型」は数量化理論 II 類による効用値では「好きではない」への寄与が見られます。このように，数量化理論 II 類による効用値では「好きではない」への寄与があり，本来，無視されてしまう「エアーインテークの形状が V 字型」がラフ集合ではむしろ重要な属性値として考えられているところにその特徴が見られます。ただし，この場合の「エアーインテークの形状が V 字型」という属性値は，ラフ集合においてそれ単体が重要なのではなく，あくまでも「ライトの内部構造が目立つ」「グリルが薄い」との組み合わせであることが意味を持っていると考えます。

(2) 「スポーティである」「スポーティではない」に関する効用値算出比較

　ラフ集合は,「スポーティである」「フォーマルである」のような企画時のコンセプトに用いられるイメージについても応用することができます。そこで,上述の「選好」問題同様に,「スポーティである」「スポーティではない」に関するラフ集合による決定ルール条件部と数量化理論II類の効用値の比較を行います。ここでも,被験者Aを例として用いることにします。数量化理論II類による効用値の算出結果のグラフを図1.8に,ラフ集合による決定ルール条件部を図1.9に示します。ラフ集合によって得られた「スポーティである」の決定ルール条件部のうち,最もC.I.の大きいものの1つである"d1g3j3"に注目してみます。d1, g3, j3 はそれぞれ「ライトの内部構造が目立つ」「グリルが横メッシュ」「エアーインテークの形状がV字型」を表します。この組み合わせは被験者Aがス

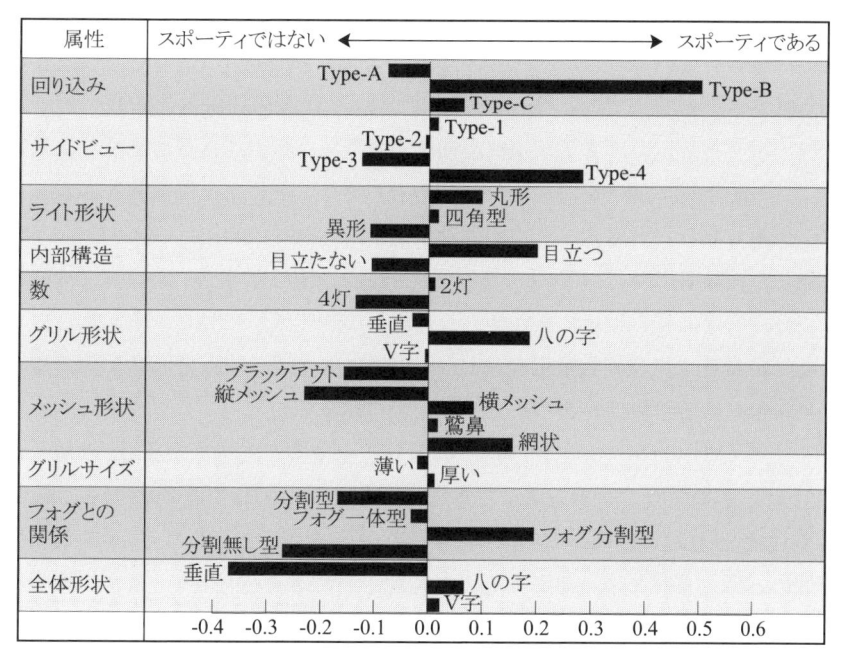

図1.8　「スポーティ」における数量化理論II類による効用値

		サンプルNo.												C.I.
		1	2	11	14	23	24	31	33	34	41	48	51	
決定ルール条件部（形態要素）	d1g3j3　　（目立つ，横メッシュ，V字）	−	*	*	*	−	−	*	−	−	−	*	−	0.417
	g3h2i3　　（横メッシュ，厚い，フォグ分割型）	−	*	*	−	−	−	*	*	*	−	−	−	0.417
	d1g3j3　　（目立つ，横メッシュ，フォグ分割型）	−	*	*	−	−	−	*	−	−	−	*	−	0.333
	a3i3　　　（Type-C，フォグ分割型）	−	*	−	−	*	−	*	−	−	−	*	−	0.333
	a3d1j3e1b2 (Type-C, 目立つ，V字，2灯，Type-2)	−	*	−	−	*	−	*	−	−	−	−	−	0.250
	⋮						⋮							⋮
	b2j3i2d1c2	−	−	−	−	−	−	−	−	−	−	−	*	0.083
	（Type-2, V字，フォグ一体型，目立つ，四角形）													
	b2j3i2d1e1	−	−	−	−	−	−	−	−	−	−	−	*	0.083
	（Type-2, V字，フォグ一体型，目立つ，2灯）													

図1.9　「スポーティ」におけるラフ集合による決定ルール条件部

ポーティだと思う1つのデザイン項目であると考えられます。この3つの属性値は数量化理論II類による効用値では3つとも「スポーティである」への寄与が見られます。しかし，この3つの属性値のうちg3, j3は図1.8からも読みとれるように「スポーティである」への寄与は小さく，数量化理論II類を用いて「スポーティである」のデザイン項目を抽出する際には無視される可能性があります。ラフ集合ではこのg3, j3をd1と組み合わせることによって被験者Aが「スポーティである」と感じると推測されます。

残りの被験者19名のアンケート結果を同様に分析した結果，これまで被験者Aの分析結果に見られた特徴と類似した結果がその随所に見られました。以上のことからラフ集合は数量化理論II類では得られない，組み合わせによる相乗効果を得られる可能性があることが確かめられました。

ここでC.I.について考えてみます。「好き」に関して求めたC.I.の最大が"d1h1j3"の0.545，「スポーティである」に関しては"d1g3j3"の0.417であり，1.000に近ければ近いほどその信頼性が高いことを考えあわせると，やや信頼性が低いと考えられます。そこでその信頼性を高める方法として，まず知識獲得の目的においては複数の決定ルール条件部をor結合することが考えられます。たとえば図1.7の1行目と2行目の決定ルール条件部をorで結び，「d1h1j3またはa2であるならば好き」というルールを作れば，このルールにあてはまる対

象数は，決定表の全対象の中でそれぞれの決定ルールにあてはまる対象のor結合すなわち和集合となるので9個となります。したがってC.I.は「好き」の全対象数11で割って0.818となります。

次に推論の目的においては，ある個人もしくは多人数間において得られた決定ルール条件部を併合 (and結合) してC.I.を高めていく方法が提案されています。たとえば新製品開発などの場合において，新しい1つの対象が複数の決定ルール条件部を同時に (and結合) 満たすならば，その新しい対象はそれぞれの決定ルールを1つの対象の中で属性群ごとにor結合で分担して持つことになるので，ルール結論に対してはor結合の意味で和集合が該当すると考えてよいでしょう。ルールからみればor結合ですが，1つの対象に盛り込む意味ではand結合なのです。これがここでルール条件部の併合と呼ぶものです。たとえば図1.7の1行目と2行目の決定ルール条件部をandで結び，「d1h1j3かつa2を1つの対象が持つならば好きになるだろう」と推論し，C.I.は前記と同様9/11で0.818となります。なお，本来C.I.は決定表の上で定義されたものです。決定ルール条件部を併合したものは決定表にはないものですから，ここでいうC.I.は違う意味を持つのですが，そのままC.I.という記号を使い，併合C.I.値と呼ぶことにします。

個人において得られた決定ルール条件部を併合 (and結合) する方法については次項で，多人数間における同方法は第5章で説明します。

1.11.3 決定ルール条件部の併合により得られる知識の特徴分析

(1) 併合 (決定) ルール条件部とは

ラフ集合を新製品のデザインに活用しようとするとき，デザイナーは決定ルール条件部に含まれる属性値はそのまま用い，また決定ルール条件部に含まれない属性値は属性値全体の組み合わせが既存のどの商品とも異なる属性値の組み合わせとなるようにするでしょう。新製品は新しくなければならないからです。当然，決定表のサンプルが持っていない属性値の組み合わせです。決定ルール条

件部は決定表のサンプルでは必要十分条件すなわち必然性を与えますが，決定表にない対象や今後出現するかもしれないあらゆる対象に対しては可能性を与えるにすぎません。よって，ラフ集合の利用においては，1つはC.I.の大きい決定ルール条件部を選択すること，もう1つは同じ決定クラスの中で決定ルール条件部を効率よく併合 (and結合) した属性値集合 (以後，これを併合ルール条件部と呼ぶことにします。ここで，併合決定ルール条件部とすると，「併合決定」という文字から意味を誤解される可能性があるため，あえて併合ルール条件部としました) が新製品において示すC.I.の大きさの可能性をできるだけ高めることが考えられます。ここで，"効率よく併合"とは，下記の2つの点を指します。

1. 併合した結果の併合ルール条件部の長さ (含まれる属性値数) を極力小さくなるようにします。それは新製品の設計においては，設計者が自分の意思で決められる属性数をある程度は確保したいからです。条件部の長さをここでは最大でも7つまでとしました。

2. 併合C.I.値 (=併合された各決定ルール条件部を1つ以上含むサンプルの総数÷該当する決定クラスのサンプル総数) ができる限り大きくなるようにします。

次に，決定ルール条件部の併合方法を説明します (図1.10)。たとえば，併合されるべき決定ルール条件部を図1.7における "d1h1j3" "a2" "e2f3" の3つだったとします。併合ルール条件部は，これら3つの決定ルール条件部を総当たりで併合させ，求めます。併合ルール条件部を表示する際，併合する2つの決定ルール条件部をハイフンで結びます。たとえば "d1h1j3" と "a2" を併合した際には，"d1h1j3-a2" のように表示します。ここで，a1, a2 が同じ属性内の属性値としたとき，併合ルール条件部が "a1b2-a2c3" と求められた場合，同じ属性の違う属性値を同時に満たすことはできません。よって，この場合，この併合ルール条件部は矛盾したものとして除きます。また，ここで得られた併合ルール条件部の信頼性を示す併合 C.I. 値は，上記の "効率よく併合" の 2. に述べたように，該当する決定クラスのサンプル総数に対する，併合された 2 つの決定ルールにあてはまるサンプルの和集合のサンプル数の割合ですから，図 1.10 における

[第1章] ラフ集合の応用入門　**45**

```
                    ルール条件部
            ┌─────────────────────────┐
            │  CP₁      CP₂      CP₃  │
            │ ┌────┐  ┌────┐  ┌────┐  │
            │ │d1h1j3│ │ a2 │ │e2f3│  │
            │ └────┘  └────┘  └────┘  │
            └─────────────────────────┘
```

併合ルール条件部 → d1h1j3-a2　　a2-e2f3
　　　　　　　　　 併合C.I.値　　併合C.I.値
　　　　　　　　　 = 0.818　　　 = 0.545

　　　　　　　　　　d1h1j3-e2f3
　　　　　　　　　　併合C.I.値
　　　　　　　　　　= 0.636

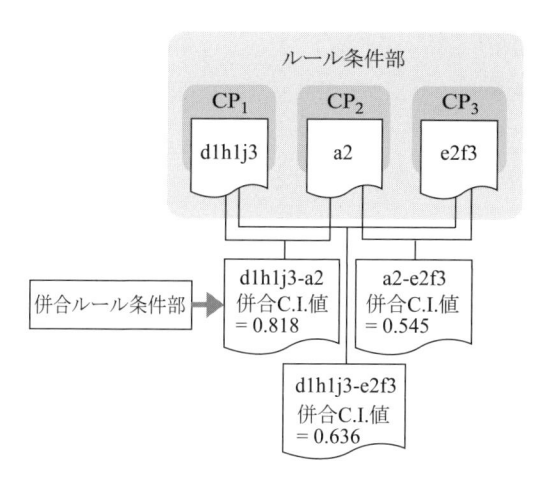

図1.10　決定ルール条件部の併合方法

		サンプルNo.										併合
		1	3	14	16	23	26	29	33	34	42	48	C.I.値
併合ルール条件部（形態要素）	d1h1j3-a2　（目立つ，薄い，V字—Type-B）	−	*	*	*	*	*	*	−	*	*	*	0.818
	d1h1j3-e2f3（目立つ，薄い，V字—4灯，V字）	−	*	*	*	*	*	−	−	*	−	*	0.636
	d1h1j3-b4　（目立つ，薄い，V字—Type-4）	−	*	*	*	*	*	−	−	−	*	*	0.636
	d1h1j3-g1i1h1 （目立つ，薄い，V字—ブラックアウト，分割型，薄い）	−	*	*	*	*	*	*	−	−	−	*	0.636
	d1h1j3-e2b2（目立つ，薄い，V字—4灯，Type-2）	−	*	*	*	*	*	−	−	*	−	*	0.636
	d1h1j3-c1　（目立つ，薄い，V字—丸型）	−	*	*	*	*	*	−	−	*	−	*	0.636
	d1h1j3-g1i1a3 （目立つ，薄い，V字—ブラックアウト，分割型，Type-C）	−	*	*	*	*	*	*	−	−	−	*	0.636
	d1h1j3-f2　（目立つ，薄い，V字—八の字）	−	*	*	*	*	*	*	−	−	−	*	0.636
	d1h1j3-e2i3（目立つ，薄い，V字—4灯，フォグ分割型）	−	*	*	*	*	*	−	−	*	−	*	0.636
	d1h1j3-c2i1a3 （目立つ，薄い，V字—四角形，分割型，Type-C）	−	*	*	*	*	*	*	−	−	−	*	0.636
	d1h1j3-c2i1h1b2 （目立つ，薄い，V字—四角形，分割型，薄い，Type-2）	−	*	*	*	*	*	*	−	−	−	*	0.636
	d1h1j3-c3g4（目立つ，薄い，V字—異形，鷲鼻）	−	*	*	*	*	*	−	−	−	*	*	0.636
	a2-g1h1d1　（Type-B—ブラックアウト，薄い，目立つ）	−	−	*	*	*	*	−	*	*	*	−	0.636
	:				:					:			:

図1.11　被験者Aの「好き」に関する決定ルール条件部の併合結果

d1h1j3-a2 の 0.818 というのは，図 1.7 において d1h1j3 のサンプル集合と a2 のサンプル集合の和集合のサンプル数 9 を「好き」該当サンプル数 11 で割って求められます。

具体的に被験者 A の「好き」における併合ルール条件部を求めると図 1.11 のようになります。

(2) 併合ルール条件部による自動車フロントマスクデザインシミュレーション

併合ルール条件部の信頼性を検証するために，自動車フロントマスクデザインをケーススタディにしてシミュレーションを行います[13]。まず，前に用いたサンプル 52 車種のうち，被験者 A が「好きではない」と答えた後述する任意の 3 車種については「好き」になるように，また「好き」と答えた任意の 1 車種については「好きではない」となるように，前に得られた「好き」に関する併合ルール条件部 (図 1.11) を用いて形態要素の組み換えを行いました。図 1.12〜1.15 は形態要素の組み換えを行う前と行った後の図です。組み替え用に用いた併合ルール条件部は，併合 C.I. 値が上位でかつ長さが短いものを任意に選択しました。また，被験者 A に形態要素の組み換え前・後の 2 つを比べて良くなったか，悪くなったかのアンケートを行い，その結果と形態要素の組み換え前と後の属性値と，用いた併合ルール条件部とその併合 C.I. 値，「好き」「嫌い」のそれぞれにおける適合値を示します。ここで，適合値とは，そのサンプルの属性値に含まれる決定ルール条件部の C.I. の最大値と定義しました。適合値が高ければ，C.I. の高い決定ルール条件部を属性値に持つサンプルであることから，そのサンプルは当てはまった決定ルール条件部のイメージを持っているとの仮説からなっています。

その結果，併合ルール条件部において被験者 A に好まれるように形態要素の組み換えを行った，WINDOM，LAUREL，CIMA のうち，WINDOM と CIMA については，形態要素の組み換えによって良くなったというアンケート結果を得られました。また，形態要素の組み換えによって「好き」に関する適合値を下げた CIVIC については，形態要素の組み換え前のほうが良いというアンケー

[第1章] ラフ集合の応用入門

WINDOM 変更前
属性値 a1 b2 c2 d2 e1 f3 g3 h1 i3 j3

適合値
好き 0.000　嫌い 0.000

WINDOM 変更後
属性値 a2 b2 c2 d1 e1 f3 g1 h1 i3 j3
用いた併合ルール条件部：
a2-g1h1d1　　併合C.I.値…0.636

適合値
好き 0.545　嫌い 0.111

アンケート結果

悪くなった	どちらでもない	良くなった
		○

図1.12　形態要素の組み替え「WINDOM」

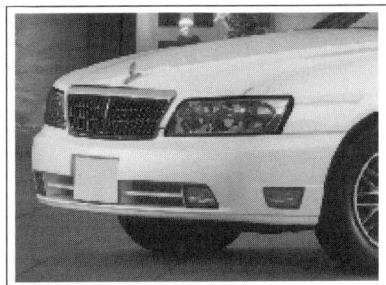

LAUREL 変更前
属性値 a1 b2 c2 d1 e1 f3 g2 h2 i2 j2

適合値
好き 0.000　嫌い 0.000

LAUREL 変更後
属性値 a2 b2 c2 d1 e1 f3 g2 h1 i2 j3
用いた併合ルール条件部：
d1h1j3-a2　　併合C.I.値…0.818

適合値
好き 0.545　嫌い 0.111

アンケート結果

悪くなった	どちらでもない	良くなった
	○	

図1.13　形態要素の組み替え「LAUREL」

48 　［第1部］感性工学のためのラフ集合

CIMA変更前
属性値 a3 b2 c3 d1 e1 f3 g3 h2 i1 j3

適合値
好き 0.182　　嫌い 0.000

CIMA変更後
属性値 a3 b2 c3 d1 e1 f3 g1 h1 i1 j3
用いた併合ルール条件部：
d1h1j3-g1i1h1　併合C.I.値…0.636
適合値
好き 0.545　　嫌い 0.111
アンケート結果

悪くなった	どちらでもない	良くなった
		○

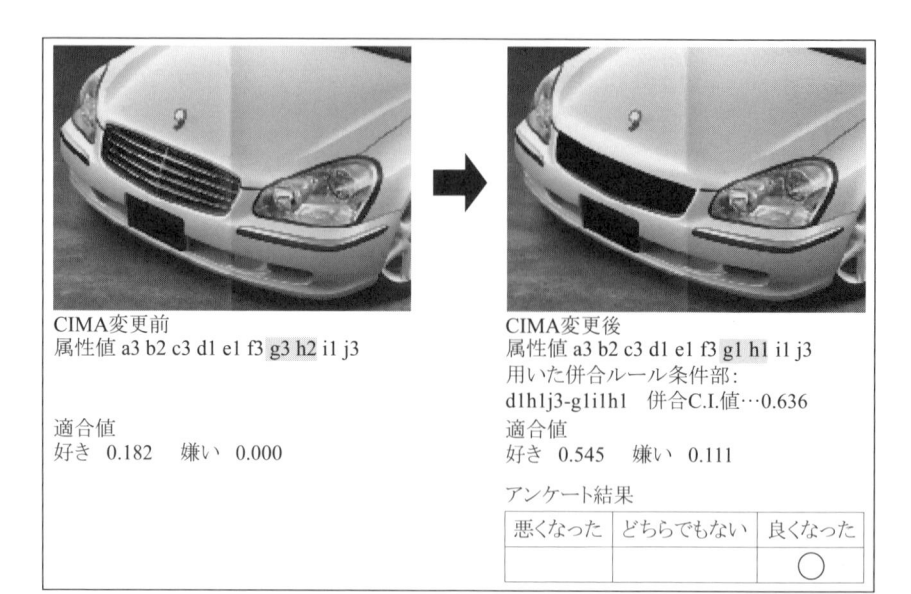

図1.14　形態要素の組み替え「CIMA」

CIVIC ('00モデル) 変更前
属性値 a2 b4 c3 d1 e1 f3 g3 h1 i4 j3
満たす併合ルール条件部：
d1h1j3-a2　併合C.I.値…0.818
適合値
好き 0.545　　嫌い 0.000

CIVIC ('00モデル) 変更後
属性値 a3 b4 c3 d1 e1 f3 g3 h1 i4 j2

適合値
好き 0.273　　嫌い 0.000
アンケート結果

悪くなった	どちらでもない	良くなった
○		

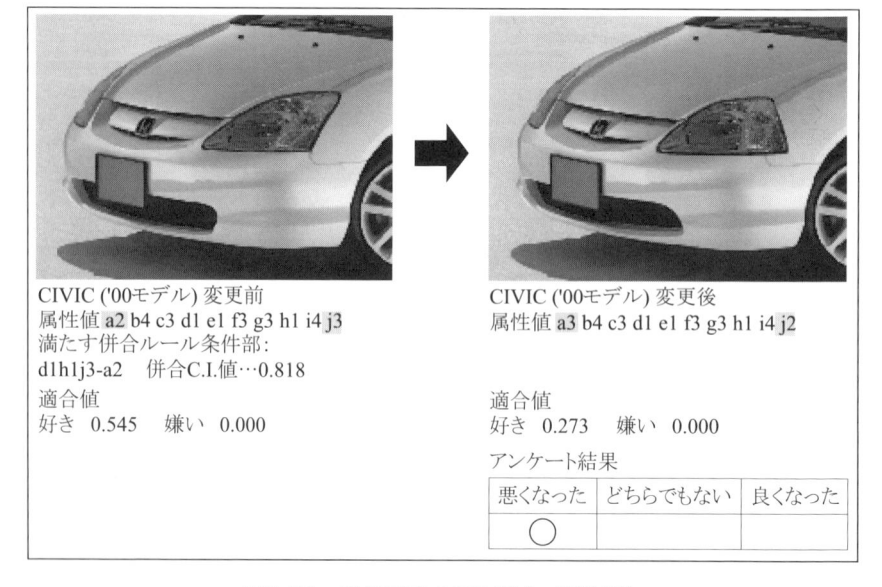

図1.15　形態要素の組み替え「CIVIC」

ト結果が得られました．これにより，自動車フロントマスクの各属性値を併合ルール条件部を用いて変更することによって，その相乗・相殺効果を用いた「好き」⇔「好きではない」の制御がある程度可能であると考えられました．また，CIVICに関して適合値を下げる前と後を比較すると，下げる前のほうが良いというアンケート結果から，適合値の大小がその評価に影響していることも推察されます．WINDOM, LAUREL, CIMAの3車種については，形態要素の組み換え後に「嫌い」に関する適合値も現れました．その数値は「好き」に関する適合値と比較すると小さいものですが，LAURELについて，形態要素の組み換え後は良くも悪くもなっていないと答えていることから，「嫌い」に関する適合値が関与している可能性がうかがえました．

以上のことから，併合ルール条件部を製品企画における推論の一手法として用いることの可能性が考えられました．しかし，一般的な消費財の企画においては，対象となるのは多数の人です．その場合，1つの方法は1.10節の終わりのほうに述べたように個人の選好を分担するように1つの製品の中に併合ルール条件部を盛り込むことですが，それにしてもこの手法を用いて1人ずつ分析し，さらにそれをマンパワーで総合的に分析するのは極めて困難であることが容易に推察されます．そこで，第5章において，システマティックに多くの人々の選好やイメージをカバーする決定ルール条件部の獲得法を提案します．

併合に関しての注意があります．ある決定クラスの複数の決定ルール条件部を併合したときに，別の決定クラスの条件部を含んでしまうことがあるという点です．and結合だから起こることで，たとえば先の図1.7は「好き」の決定ルール条件部ですが，「嫌い」の決定ルール条件部を求めたとして，その1つにもしh1a2があったならば，図1.10の併合ルール条件部d1h1j3-a2はh1a2を含むので，こうしてできた製品はかなり好まれると推測される反面，見かたを変えたとき嫌いにも見える，ということになりかねません．ですから併合を試みたときに別の決定クラスの条件部を含んでいないかチェックし，含んでいたらその併合ルール条件部は排除する必要があります．第5章では実際にそのようなチェックをしています．もっとも，このことは決定クラスが「好き-嫌い」のような

場合に必要なことであって,「人目を惹く-とくにそうでない」というように相手の決定クラスがとくに負の意味を持たない場合はそのようなチェックは必要ないと思われます.

【参考文献】

[1] 森典彦, 高梨令：ラフ集合の概念による推論を用いた設計支援, 東京工芸大学芸術学部紀要, Vol.3, pp.35–38 (1997)

[2] 井上勝雄, 広川美津雄：認知部位と評価用語の関係分析, 感性工学研究論文集, 第1巻2号・通号002号, pp.13–20 (2001)

[3] 井上勝雄, 黒坂英里, 岡田明：ラフ集合を用いたパッケージデザインの嗜好分析, 第17回ファジィシステムシンポジウム講演論文集, pp.639–642 (2001)

[4] 井上拓也, 原田利宣：自動車フロントマスクデザインの分析・企画へのラフ集合の応用, 第17回ファジィシステムシンポジウム講演論文集, pp.647–650 (2001)

[5] 熊丸健一, 高梨令, 森典彦：ラフ集合理論による属性の縮約を利用したデザイン企画法の試案, デザイン学研究, Vol.47, No.6, pp.71–80 (2001)

[6] 熊丸健一, 高梨令, 森典彦：製品の選好と非選好を考慮したデザイン企画法の試案, 感性工学研究, 通巻001号, pp.65–72 (2001)

[7] 森典彦：感性を目的とするモノ作りの立場から見たラフ集合 —感性工学応用の創造的デザイン支援システムのための基本的枠組みを考える (その2)—, 東京工芸大学芸術学部紀要, Vol.8 (2002)

[8] 熊丸健一, 粂田起男, 高梨令, 森典彦：組合せで見た形態要素の選好・非選好への効用 —自動車を事例として—, 感性工学研究論文集, 通巻003号, pp.35–42 (2002)

[9] 熊丸健一, 粂田起男, 高梨令, 森典彦：ラフ集合理論の縮約によるデザイナーの推論の評価, デザイン学研究, Vol.49, No.1, pp.103–110 (2002)

[10] 熊丸健一, 粂田起男, 高梨令, 森典彦：ラフ集合の縮約を用いた特徴把握の分析と, 縮約併合の商品選好に対する適合性と有効性の観察, デザイン学研究, Vol.49, No.5, pp.79–86 (2003)

[11] 田中博, 津本周作：ラフ集合とエキスパートシステム, 数理科学, No.378, pp.76–83 (1994)

[12] 原田利宣, 森典彦：自動車フロントマスクデザイン認知の分析, デザイン学研究, Vol.45, No.2, pp.11–16 (1998)

[13] 井上拓也, 原田利宣, 榎本雄介, 森典彦：デザインコンセプト立案へのラフ集合の応用, デザイン学研究, Vol.49, No.3, pp.11–18 (2002)

# 第2章

ラフ集合ソフトウェアの使用方法

2.1 推奨システム構成

ラフ集合ソフトウェア Ver.1.0 は 3 つのソフトウェアから構成されています。本ソフトウェアを快適に動作させるための推奨の OS, ハードウェア, ディスク容量, メモリ容量などは以下のとおりです。ただし, 以下の仕様を満たす場合でも, OS や他のソフトウェアの使用状況などによっては, 実行できない可能性があります。

表 2.1　推奨システム構成

OS	Windows 2000 日本語版, Winodws XP 日本語版
	Mac OS 10.2 日本語版
ハードウェア	Windows：上記の OS が搭載できる Pentium III またはそれ以上の Intel プロセッサを搭載した DOS/V コンピュータ
	Macintosh：上記の OS が搭載できる Power Mac G3 または Power Mac G4 プロセッサを搭載したコンピュータ
ディスク容量	10 MB 以上の空き容量
メモリ容量	256 MB 以上
その他	ソフトウェア購入申し込みにインターネットへの接続環境が必要です

2.2　解析ソフトウェアの入手方法

　本ソフトウェアは株式会社ホロン・クリエイト社のホームページから購入することができます (http://www.hol-on.com)。

2.3　ラフ集合ソフトウェアの実行

　この章では，縮約算出，決定ルール条件部算出，決定ルール条件部を併合した併合ルール条件部算出を行う3つのソフトウェアの使用方法について説明します。ただし，ここでの併合ルール条件部とは，多人数間における各人の決定ルール条件部を併合したものです。ですから第1章の末尾に注意として述べたように，併合ルール条件部が目的の決定クラスとは別の決定クラスの決定ルール条件部を含んでいる場合がありますので，その場合は第5章に詳述する方法によってそのような併合ルールは排除するようにしてあります。これとは別に，ある個人内の決定ルール条件部を併合する場合のように，排除の必要がない場合の併合ルール条件部の求めかたと，その併合C.I.値の計算は，簡単ですから，第1章に従って紙上で行うことになります。

2.3.1　縮約算出

(1)　入力ファイルの作成

　入力ファイルは図2.1のような形式で記述します。Windows版ではメモ帳，Mac OS X版ではText Editなどのテキスト形式のファイルを作成できるソフトウェアを用いて作成してください。サンプルナンバーは，半角数字で記述してください。各サンプルに対する属性値は，半角英字1文字 (A, aなどの大文字もしくは小文字) と1から9の半角数字1文字 ("0"は使用不可) の組み合わせで記述してください。結論は1から9の半角数字1文字 ("0"は使用不可) で記述してください。また，サンプルナンバー，各サンプルに対する属性値，各サンプルに対する結論の間には，すべて半角スペースを記述し，各行および最終行の

[第2章] ラフ集合ソフトウェアの使用方法   53

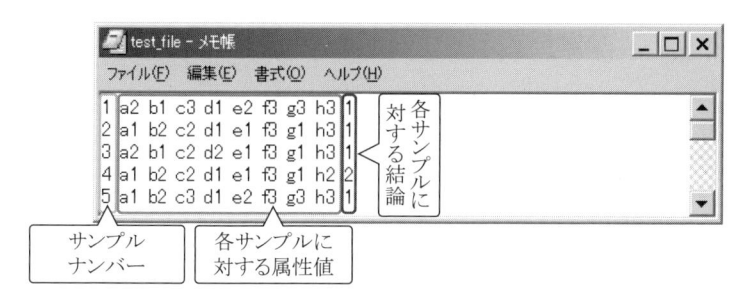

図 2.1　縮約入力データ

終わりは必ず改行してください。なお，サンプル数の上限は100個，属性数の上限は48個，属性値数の上限は9個，結論の数の上限は9個となっています。

(2)　分析方法の選択

入手したソフトウェアから，「Reduct」という名前のアイコンをダブルクリックしてください。

(3)　入力ファイルの選択

ファイル名入力ウィンドウ (図2.2) の中の「ファイル読み込み」を選択すると図2.3のような入力ファイル選択ウィンドウが表示されます。本ソフトウェアでは，拡張子「.txt」のついているテキストファイルが選択可能ファイルとして認識されます。入力ファイルを選択し，読み込むと図2.2のようにファイル名表示部に読み込んだファイルのファイル名が表示されます。

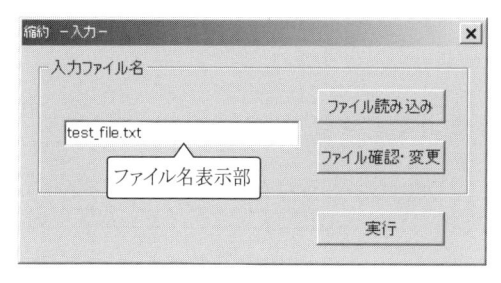

図 2.2　ファイル名入力ウィンドウ (縮約)

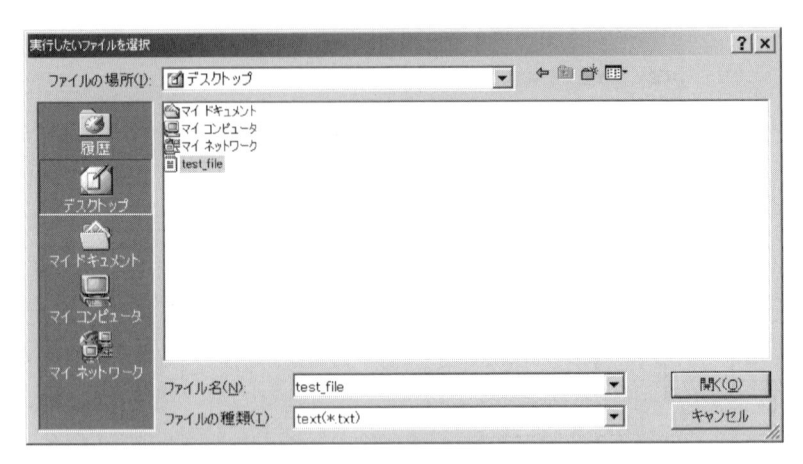

54 ［第1部］感性工学のためのラフ集合

図 2.3 入力ファイル選択ウィンドウ

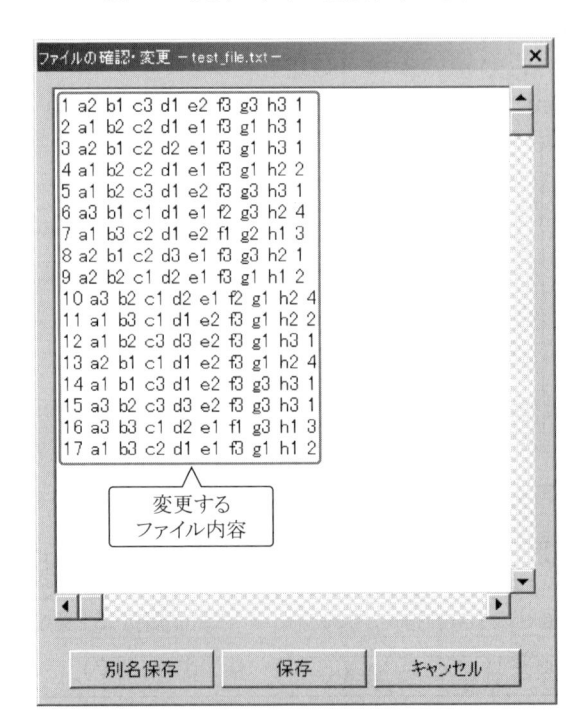

図 2.4 入力ファイルの内容確認・変更ウィンドウ (縮約)

(4) 入力ファイルの確認・変更

ファイル名入力ウィンドウ (図2.2) の中の「ファイル確認・変更」を選択すると図2.4のようなウィンドウが開きます。ここでは (3) で読み込んだファイルの内容を直接修正, 変更できます。修正, 変更した内容を同じファイル名で保存したい場合は「保存」, またファイル名を変更したい場合は「別名保存」を, 修正, 変更を行わない場合は「キャンセル」を選択してください。

(5) 実行と縮約の表示

次に,「実行」(図2.2) を選択すると, 演算が開始されます。演算が終わると, 出力ウィンドウ (図2.5) に縮約が表示されます。

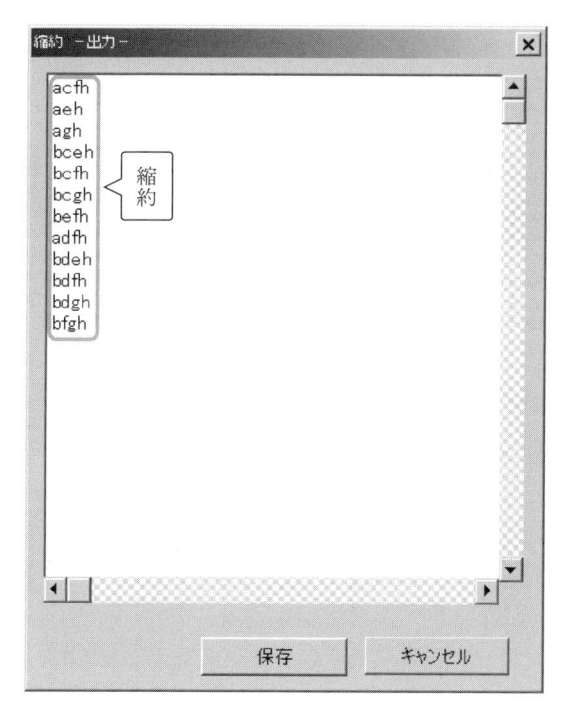

図2.5　出力ウィンドウ (縮約)

(6) 縮約の保存

出力ウィンドウ (図2.5) の「保存」を選択すると，図2.6のような出力ファイル保存ウィンドウが表示されます。出力された縮約を保存するファイル名を記入して保存してください。本ソフトウェアでは，テキスト形式 (拡張子「.txt」) で保存します。また，「キャンセル」を選択すると，演算結果は破棄されます。

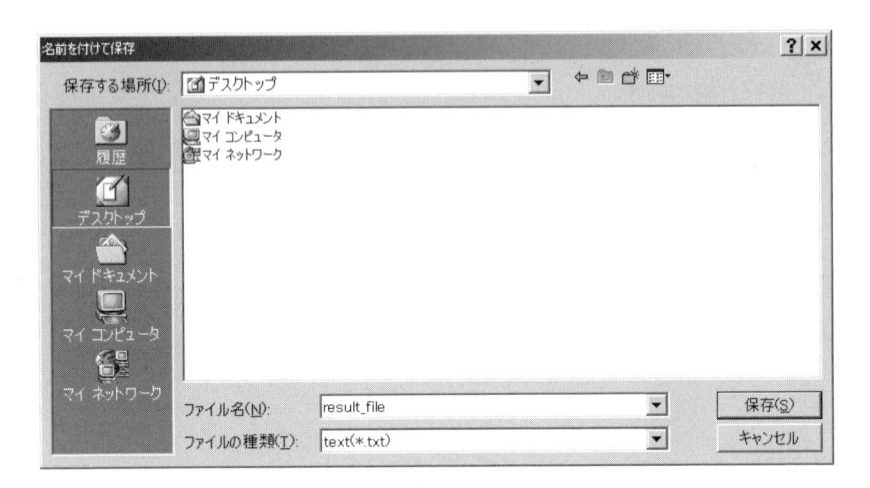

図 2.6 出力ファイル保存ウィンドウ

2.3.2　決定ルール条件部算出

(1)　入力ファイルの作成

入力ファイルは図2.7のような形式で記述します。Windows 版ではメモ帳，Mac OS X 版では Text Edit などのテキスト形式のファイルを作成できるソフトウェアを用いて作成してください。

サンプルナンバーは，半角数字で記述してください。各サンプルに対する属性値は，半角英字1文字 (大文字もしくは小文字) と1から9の半角数字1文字 ("0" は使用不可) の組み合わせで記述してください。結論は1から9の半角数

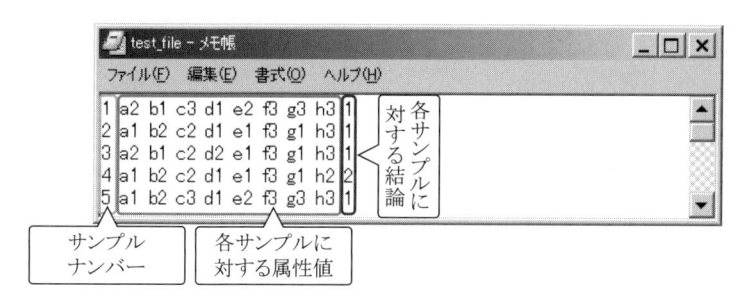

図 2.7 決定ルール条件部入力データ

字1文字（"0"は使用不可）で記述してください。また，サンプルナンバー，各サンプルに対する属性値，各サンプルに対する結論の間には，すべて半角スペースを記述し，各行および最終行の終わりは必ず改行してください。なお，サンプル数の上限は100個，属性数の上限は48個，属性値数の上限は9個，結論の数の上限は9個となっています。

(2) 分析方法の選択

入手したソフトウェアから，「DR」という名前のアイコンをダブルクリックしてください。

(3) 入力ファイルの選択

ファイル名入力ウィンドウの中の「ファイル読み込み」(図2.8) を選択すると図2.3のようなファイル選択ウィンドウが表示されます。本ソフトウェアでは，拡張子「.txt」のついているテキストファイルが選択可能ファイルとして認識されます。入力ファイルを選択し，読み込むと図2.8のようにファイル名表示部に読み込んだファイルのファイル名が表示されます。

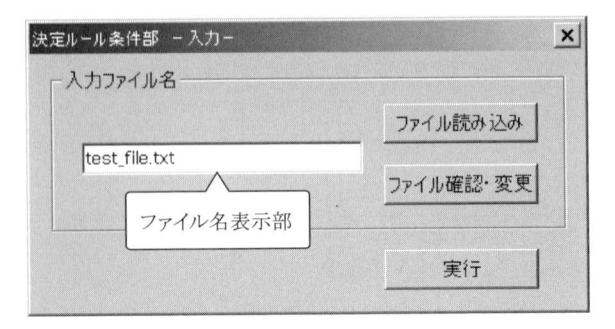

[第1部] 感性工学のためのラフ集合

図 2.8 ファイル名入力ウィンドウ（決定ルール条件部）

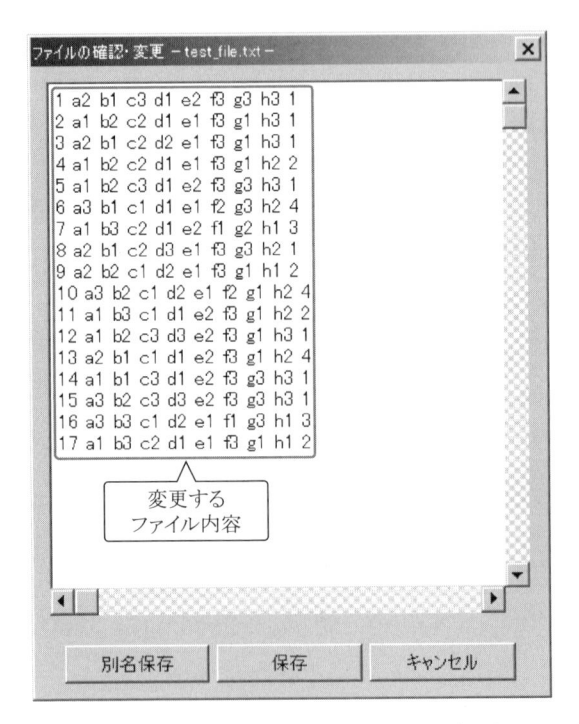

図 2.9 入力ファイルの内容確認・変更ウィンドウ（決定ルール条件部）

[第2章] ラフ集合ソフトウェアの使用方法　**59**

(4) 入力ファイルの確認・変更

　ファイル名入力ウィンドウ (図2.8) の中の「ファイル確認・変更」を選択すると図2.9のようなウィンドウが開きます。ここでは(3)で読み込んだファイルの内容を直接修正, 変更できます。修正, 変更した内容を同じファイル名で保存したい場合は「保存」, またファイル名を変更したい場合は「別名保存」を, 修正, 変更を行わない場合は「キャンセル」を選択してください。

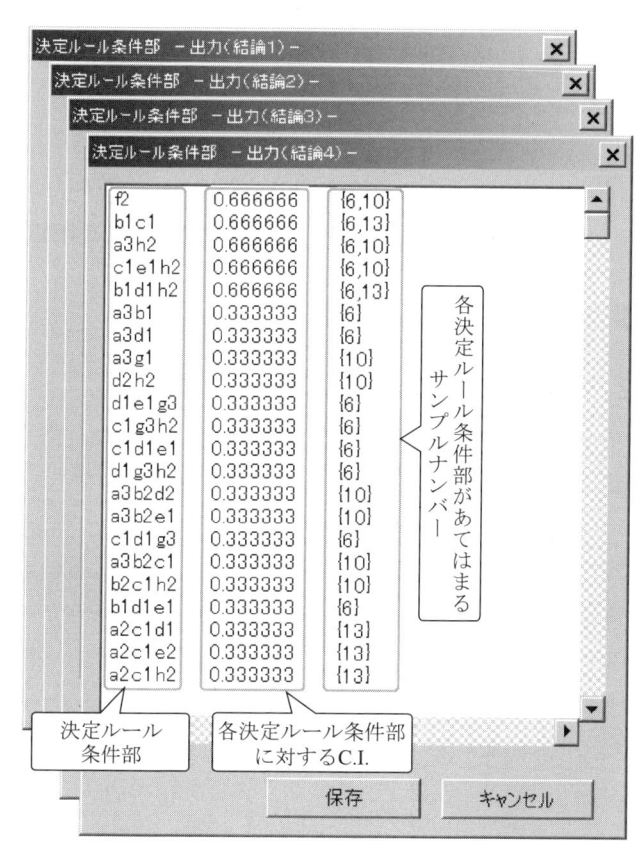

図 2.10　出力ウィンドウ (決定ルール条件部)

(5) 実行と決定ルール条件部の表示

次に,「実行」(図2.8) を選択すると,演算が開始されます。演算が終わると,出力ウィンドウ (図2.10) に決定ルール条件部と,それらに対するC.I.およびあてはまるサンプルナンバーが表示されます。

(6) 決定ルール条件部の保存

出力ウィンドウ (図2.10) の「保存」を選択すると,図2.6のような出力ファイル保存ウィンドウが表示されます。出力された決定ルール条件部を保存するファイル名を記入して保存してください。なお,各決定ルール条件部と,それらに対するC.I.およびあてはまるサンプルナンバーの間は半角スペースで区切られて保存されます。本ソフトウェアでは,テキスト形式 (拡張子「.txt」) で保存します。また,「キャンセル」を選択すると,演算結果は破棄されます。

2.3.3 併合ルール条件部算出

(1) 入力ファイルの作成

入力ファイルは図2.10のような形式で記述します。Windows版ではメモ帳,Mac OS X版では,Text Editなどのテキスト形式のファイルを作成できるソフトウェアを用いて,作成してください。

各サンプルに対する属性値は,半角英字1文字 (大文字もしくは小文字) と1から9の半角数字1文字 ("0" は使用不可) の組み合わせで記述してください。C.I.はすべて半角数字で記述してください。また,各決定ルール条件部とそれらに対するC.I.の間には,すべて半角スペースを記述してください。各属性値の間に半角スペースを記述しないでください。さらに各行および最終行の終わりは必ず改行してください。本ソフトウェアでは,先に決定ルール条件部を算出した際のテキスト形式の出力ファイルをそのまま読み込むことができます。なお,各ファイルの属性数の上限は48個,属性値数の上限は9個,各ファイル中の決定ルール条件部総数の上限は100個となっています。

(2) 分析方法の選択

入手したソフトウェアから,「Annexed DR」という名前のアイコンをダブルクリックしてください。

(3) 入力ファイルの選択

併合する決定ルール条件部入力ファイルはファイル名入力ウィンドウ中の「併合ファイル名」と書かれた枠内の「ファイル読み込み」を,併合する決定ルール条件部とは別の決定クラスの決定ルール条件部が書かれたファイルは「比較ファイル名」と書かれた枠内の「ファイル読み込み」を選択して,ファイルを

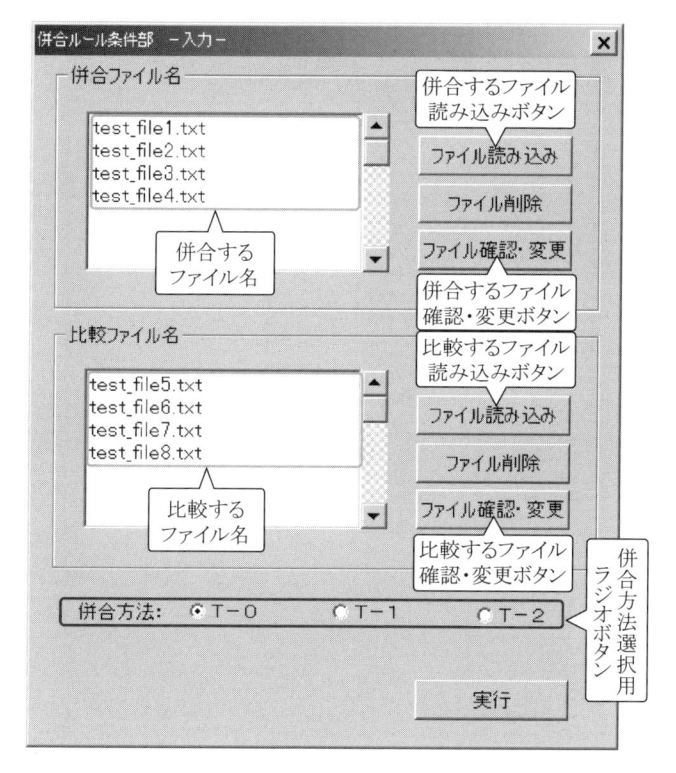

図 2.11 ファイル名入力ウィンドウ (併合ルール条件部)

読み込んでください (図2.11)。この操作を繰り返して，入力ファイルを複数指定してください。本ソフトウェアでは，拡張子「.txt」のついているテキストファイルが選択可能ファイルとして認識されます。入力ファイルを読み込むと，図2.11のようにファイル名表示部に読み込んだファイルのファイル名が表示されます。また，読み込んだファイルを削除したい場合，削除したいファイル名を選択し，「ファイル削除」を押すことで，削除することができます。なお，併合するファイル数，比較するファイル数の上限は30ファイルとなっています。

(4) 入力ファイルの確認・変更

ファイル名入力ウィンドウ (図2.11) の中の「ファイル確認・変更」を選択す

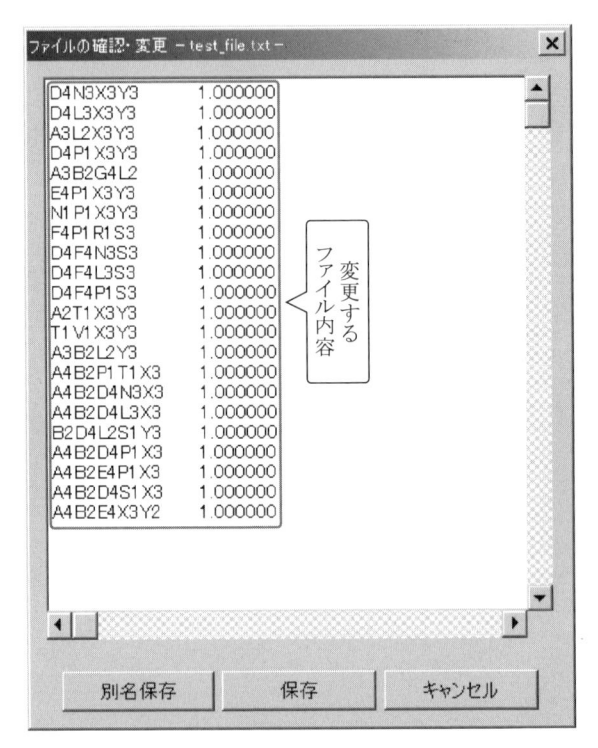

図2.12　入力ファイル内容確認・変更ウィンドウ (併合ルール条件部)

ると図2.12のようなウィンドウが開きます.ここでは(3)で読み込んだファイルの内容を直接修正,変更できます.修正,変更した内容を同じファイル名で保存したい場合は「保存」,またファイル名を変更したい場合は「別名保存」を,修正,変更を行わない場合は「キャンセル」を選択してください.

(5) 併合方法の選択

本ソフトウェアでは,3通りの併合方法(詳細は第5章)が選択できるようになっています.併合方法の選択を行ってください(図2.11).

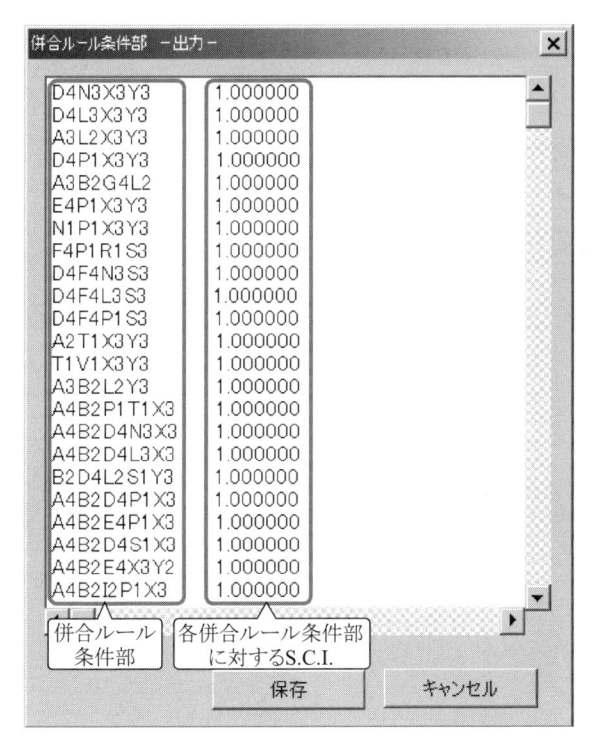

図2.13 出力ウィンドウ(併合ルール条件部)

(6) 実行と併合ルール条件部の表示

入力ファイルをすべて読み込んだら，「実行」(図2.11) を選択してください．演算が終わると併合ルール条件部出力ウィンドウ (図2.13) に併合ルール条件部とそれらに対するS.C.I. (第5章参照) が表示されます．

(7) 併合ルール条件部の保存

出力ウィンドウ (図2.13) の「保存」を選択すると，図2.6のような出力ファイル保存ウィンドウが表示されます．出力された併合ルール条件部を保存するファイル名を記入して保存してください．なお，各併合ルール条件部とそれらに対するS.C.I.の間は半角スペースで区切られて保存されます．本ソフトウェアではテキスト形式 (拡張子「.txt」) で保存します．また，「キャンセル」を選択すると，演算結果は破棄されます．

2.4 詳細情報

さらに詳しい内容については，本ソフトウェアに付属している「お読みください」というファイルを参照してください．

(注) 本章で紹介したラフ集合ソフトウェアは，初版発行時のパソコンの演算能力の制約から，サンプル数の制限などがありました．そのため，読者からの強い要望により，その制限をなくした最新版のソフトウェアを開発し，本書の姉妹書である『ラフ集合の感性工学への応用』(2009年) の第5章で紹介しています．そのため，購入サイトでは，本章で紹介したソフトウェアは販売を停止して，最新版の入手を推奨しています．

第3章

ラフ集合を用いて携帯電話ユーザーの特性を知る

3.1　ユーザーと使用状況の関係を考える

　最近の携帯電話は，多機能化の傾向にあり，動画の撮影や通信による送信や受信も可能となり，それ1台でほとんどの用事が事足りてしまうほどです。携帯電話はパソコンのように部品やソフトを追加，交換することで，機能を追加，削除することができません。また，クルマのように，ユーザーのライフスタイルに合わせた製品を自由に選ぶことができるほど多様な製品があるわけでもありません。

　しかし，これからは，使用する機能・用途や目的などの使用状況に合わせた多種多様なものが求められるでしょう。そのためには，「どのようなユーザー」が「どのように使用しているか」という使用状況の特性を知って，製品開発を行う必要があります。

　ところが現実をみると，たとえばメール機能を使用する場合，女子高生が友人にあいさつのメールを送る場合と，ビジネスマンが会社に報告のメールを入れる場合とでは，必要となる文字量や使用頻度などがまったく異なっています。また，携帯電話に付いているカメラで掲示物を撮影してメモ代わりに利用すると

いう，本来の機能の用途からは考えられないような使いかたをするケースもあります。

このように，携帯電話の使用状況はユーザーによって異なり，その使いかたも非常に捉えにくいものとなっています。そこで，製品開発の助けとするため，多様なユーザーと使用状況の関係から，ユーザーの特性を正確に把握し，これを読み取りやすい形で表現しようと思います。

たとえば，社会人と学生では，日常よくいる場所や荷物などが異なります。持ち物や電話の相手，使用時間といった使用状況に関連する項目（属性項目）の違いが使用状況の違いであり，携帯電話の使いかたの違いはこれによって表現できると考えられます。

整理すると，携帯電話を使用して何かを行うということは，ユーザーが持つ情報を

1. 異なった特性を持つユーザーグループのどれかに属しているユーザーが
2. 固有の属性項目で表現される使用状況の中で
3. たくさんある機能のうちから選択して使っていくこと

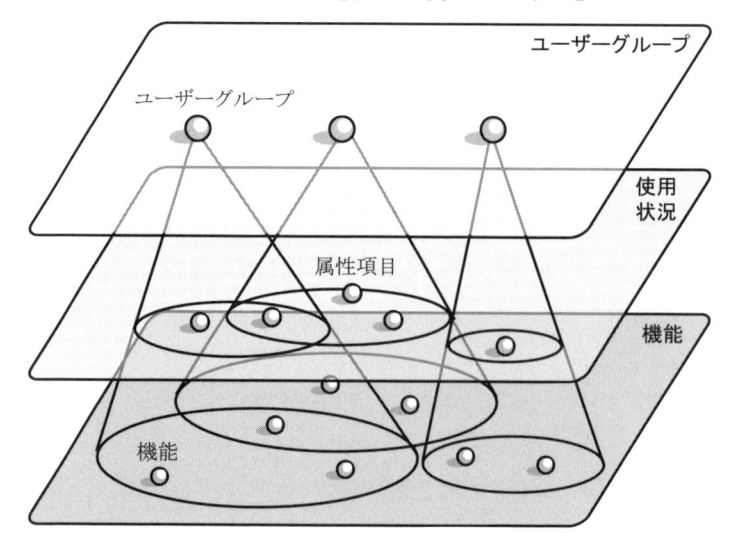

図3.1　携帯電話の使用状況

と言い換えることができます (図3.1)。

現状は，このユーザーと使用状況の関係が，目的や使いかたの異なるユーザーグループが複数存在し，その使用状況や，使用している機能も混在しているため，わかりにくくなっているといえるでしょう。つまり，ユーザーが携帯電話を使用している状況を観察し，各属性項目においてどのような違いが生じているかを調べることができれば，これらを比較することで，使いかたの特性を求めることができるでしょう。また，どのようなユーザーによってどのような機能を使用した結果として生じたものかと関連づけることができれば，新しい製品の開発へ結びつけることができるでしょう。

本章では，携帯電話の使用状況を調べ，よく使う機能・用途と，それに対応するユーザーをいくつかのグループに分けたとき，各グループは，仕様を説明する属性項目の上で，互いに他のグループと異なるどんな特徴を持つかを，ラフ集合により抽出することを試みます。

3.2　使用する機能からユーザーを分類する

携帯電話を使用するユーザーにはいろいろあるでしょうが，使用する機能からユーザーを分類することで，その大枠を捉えてみましょう。まず，使用する機能について以下のようなアンケート調査を行いました。

アンケートの対象となったのは，1年生から4年生までの大学生122名です。調査は，それぞれのユーザーがどのように使用状況を説明するのかを知るために，「携帯電話のよく使う機能とその使いかた」という問いで，自由に記入する方式で行いました。

回答から，よく使う機能・用途は「電話」「メール」「手帳 (スケジュール帳)」「アラーム」「カメラ」「ネット (インターネット)」「漢字辞書」「電卓」の8つでした。そして，それらの機能・用途がどれくらいの頻度で，それぞれのユーザーに使用されているかを集計しました。

集計したデータを数量化理論III類で解析した結果，被験者は大きく3つのグループに分類することができました。この結果に加え，アンケートで記述され

た内容を参考にそれぞれのグループを以下のように解釈しました。

- グループA：電話機グループ

  主に使用する機能は「電話」「メール」の2つです。このグループは，従来の電話機と同じようにコミュニケーション装置として携帯電話を使用しています。

- グループB：総合情報機器グループ

  主に使用する機能は「電話」「メール」「ネット」「辞書」です。頻度としては多くありませんが「手帳」機能も有効に利用しており，各機能は実用的な用途で使用されています。

- グループC：エンターテインメント機器グループ

  主に使用する機能は「電話」「メール」「手帳」「カメラ」「ネット」です。このグループの特徴は，各機能を主として遊びの目的で使用していることです。

3.3　使用状況を調べる

　まず，ユーザーが携帯電話を使用している場所や時間などの属性項目にどんなものがあるかを調査しました。

　調査の方法は，3つのユーザーグループと考えられる大学生おのおの2～3名を調査対象とし，1つの機能の使い始めから終わりまでを1回の使用状況として，実際に携帯電話を使用しているシーンを，被験者だけでなく周囲の状況もわかるようにビデオ撮影しました。このビデオを後日被験者に見せて，行動の意図や会話の内容，相手など，観察だけではわからないことをインタビューを通して調査しました。

　撮影対象とした機能・用途は，「電話：受信」「電話：送信」「メール：受信」「メール：送信」「メール：受信・送信を一度に行う」「手帳」「アラーム」「カメラ」「ネット」「漢字辞書」「電卓」です。

[第3章] ラフ集合を用いて携帯電話ユーザーの特性を知る

表 3.1 調査結果

| 被験者 | ユーザーグループ | 用途 | 時期 | 所要時間 | 場所 | 移動に関するエレメント | | 特定の理由 | 相手 | 姿勢 | 携帯を持っている手 | 反対の手の使用 | 荷物に必要な荷物 | その他の荷物 | 身につけた持ち物 | 一緒にいた人 | ながらの行動 | | |
						静かな場所への移動	通信環境確保のための移動										手作業との同時利用	移動との同時利用	会話との同時利用
a_1	総合情報機器	メール(受信)	off time	1分未満	屋内(公)	なし	なし	なし	なし	椅子座	利き手	なし	なし	なし	なし	友人単数	なし	なし	あり
a_2	総合情報機器	メール(送信)	on time	2分台	屋内(公)	なし	なし	即時的	友人	椅子座	利き手	なし	なし	なし	なし	なし	なし	なし	なし
a_3	総合情報機器	メール(受信+送信)	on time	1分未満	屋内(公)	なし	なし	即時的	友人	椅子座	利き手	なし	なし	なし	なし	なし	なし	なし	なし
a_4	総合情報機器	メール(受信)	on time	1分未満	屋内(公)	なし	なし	なし	なし	椅子座	利き手	なし	なし	なし	なし	なし	なし	なし	なし
a_5	総合情報機器	スケジュール帳	on time	2分台	屋内(公)	なし	なし	即時的	なし	椅子座	利き手	なし	なし	なし	なし	なし	なし	なし	なし
a_6	総合情報機器	メール(送信)	on time	1分未満	屋内(公)	なし	なし	なし	友人	椅子座	利き手	なし	なし	なし	なし	なし	なし	なし	なし
a_7	総合情報機器	メール(受信)	off time	1分未満	屋外	なし	なし	計画的	なし	立ち(静止)	利き手でない	道具	なし	なし	なし	なし	なし	なし	なし
b_1	エンターテインメント	メール(受信+送信)	on time	3分以上	屋内(公)	なし	なし	習慣的	友人	椅子座	利き手でない	なし	なし	なし	なし	なし	なし	なし	なし
b_2	エンターテインメント	メール(受信+送信)	on time	3分以上	屋内(公)	なし	なし	即時的	友人	椅子座	利き手でない	道具	あり	なし	なし	なし	なし	あり	なし
b_3	エンターテインメント	ネット	on time	3分以上	屋内(公)	なし	なし	なし	なし	椅子座	利き手でない	なし	なし	なし	なし	なし	なし	なし	なし
b_4	エンターテインメント	メール(受信+送信)	on time	3分以上	屋内(公)	なし	なし	即時的	友人	椅子座	利き手でない	なし	なし	なし	なし	なし	なし	なし	なし
b_5	エンターテインメント	メール(受信+送信)	on time	1分台	屋内(公)	なし	なし	即時的	友人	椅子座	利き手でない	なし	なし	なし	なし	なし	なし	なし	なし
b_6	エンターテインメント	通信(発信)	on time	1分未満	屋内(公)	なし	なし	なし	なし	椅子座	利き手でない	なし	なし	なし	なし	なし	なし	なし	なし
b_7	エンターテインメント	ネット	on time	3分以上	屋内(公)	なし	なし	なし	なし	椅子座	利き手でない	なし	なし	なし	なし	なし	なし	なし	なし
b_8	エンターテインメント	メール(受信+送信)	off time	2分台	屋外	なし	なし	即時的	友人	立ち(歩き)	利き手でない	道具	なし	なし	肩掛け型	友人複数	あり	なし	あり
:	:	:	:	:	:	:	:	:	:	:	:	:	:	:	:	:	:	:	:
i_39	エンターテインメント	メール(受信+送信)	off time	1分未満	屋外	なし	なし	即時的	友人	立ち(歩き)	利き手	なし	なし	なし	肩掛け型	なし	なし	あり	なし
i_40	エンターテインメント	メール(受信+送信)	on time	1分台	屋内(公)	なし	なし	即時的	友人	立ち(歩き)	利き手	なし	なし	なし	肩掛け型	なし	なし	なし	なし
i_41	エンターテインメント	メール(受信+送信)	on time	2分台	屋内(公)	なし	なし	即時的	友人	立ち(歩き)	利き手	なし	なし	なし	肩掛け型	なし	なし	なし	なし
j_1	電話機	メール(受信)	on time	1分台	屋内(公)	なし	アンテナ	即時的	親	椅子座	両手	なし	なし	なし	なし	なし	なし	なし	なし
j_2	電話機	メール(受信)	on time	1分未満	屋内(公)	なし	なし	即時的	友人	椅子座	利き手	なし	なし	なし	なし	なし	なし	なし	なし
j_3	電話機	メール(送信)	on time	1分台	屋内(公)	なし	アンテナ	即時的	友人	椅子座	利き手	なし	なし	なし	なし	なし	なし	なし	なし

この結果, 全部で183の使用状況が収集できました。これから, 周囲の環境を示す{場所}や{時期(時刻)}, ユーザーが携帯電話を使用するときにとった行動に関する{所要時間}{静かな場所への移動}{姿勢}などを含めた17の使用状況を説明する属性項目を決めました。また, 各々の項目は, その内容によってさらにいくつかの項目に分けられています。使用状況を属性項目で説明するということは, 各属性項目の該当する内容にチェックを入れていくことになります。収集したすべての使用状況から, 各属性項目における内容を一覧表で示します (表3.1)。

3.4　ラフ集合理論を用いてユーザーグループの使用上の特徴を探る

先に求めた各ユーザーグループに属するユーザーは, 他のグループのユーザーと, 携帯電話を使用するさまざまな行動や周囲の状況にどのような違いがあるでしょうか。多くのことは共通しているはずですが, 各ユーザーグループに固有の使用状況があるはずです。それがわかれば, ユーザーターゲットを絞った製品開発に有効なものになるでしょう。

そのためにはまず, 機能がどのような状況で使われているか, つまり機能と属性項目との関係を抽出し, さらにその結果とユーザーグループとの関係を明らかにする方法がよいでしょう。これは, 直接ユーザーグループと使用状況との関係をみるのでは, 製品開発に必要な機能との関係が明確にならないからです。ところで, ある機能とそれが使われるさまざまな状況との関係の中にも, 共通に働く属性項目と, むしろ個人差の範囲でばらつく属性項目があることが予想されます。この共通に働く属性項目を発見できればよいわけですが, 各属性項目は単独で寄与の程度が決まるというよりは, 他の属性項目との関係により変化し, ある属性項目がつねに寄与が大きいというふうにはならないでしょう。したがって, 属性項目の内容の組み合わせで, 各機能に固有の使用状況が説明できることが考えられます。

[第3章] ラフ集合を用いて携帯電話ユーザーの特性を知る　71

そこで表3.1の調査結果を用いて，使用状況における{時期}から{ながら行動}までの属性を条件属性に，{用途(使用している機能)}を決定属性として，ラフ集合理論を用いて解析を行いました．これから得られる決定ルールは，機能を使用するときの状況を決定づけている属性項目の該当する内容(属性値)の

表3.2　グループごとの決定ルール

番号	所要時間	通信環境確保のための移動	特定の理由	相手	姿勢	携帯を持っている手	一緒にいた人	用途	ユーザーグループ
1	1分未満	*	*	*	床座	*	*	通話(受信)	電話機
2	*	*	*	*	*	*	目上の人間複数	メール(受信)	電話機
3	1分	*	*	*	床座	*	友人単数	メール(受信)	電話機
4	1分	*	計画的	*	*	*	友人単数	メール(受信)	電話機
5	*	*	なし	*	床座	*	*	メール(送信)	電話機
6	1分	*	*	*	寝	*	*	メール(送信)	電話機
:	:	:	:	:	:	:	:	:	:
22	3分以上	*	なし	*	*	利き手	*	メール(受信+送信)	総合情報機器
23	3分以上	*	なし	友人	*	*	*	メール(受信+送信)	総合情報機器
24	2分	*	*	なし	*	*	*	スケジュール帳	総合情報機器
25	*	*	*	目下の人間	*	*	*	通話(発信)	エンターテインメント
:	:	:	:	:	:	:	:	:	:
49	2分	*	*	*	歩き	*	*	メール(受信+送信)	エンターテインメント
50	3分以上	*	*	友人	*	利き手でない	*	メール(受信+送信)	エンターテインメント
51	3分以上	*	即時的	*	*	利き手でない	*	メール(受信+送信)	エンターテインメント
52	3分以上	*	*	なし	*	*	*	インターネット	エンターテインメント
53	3分以上	*	なし	*	*	利き手でない	*	インターネット	エンターテインメント

組み合わせになるわけです。

　この結果，{所要時間, 通信環境確保のための移動, 特定の理由, 相手, 姿勢, 携帯を持っている手, 一緒にいた人}の7つの属性項目による53種の決定ルールが求まりました（表3.2）。表の左側において属性値のある箇所が，表の右側の機能（用途）が使用されることを決定しているとみます。表中で＊で記された箇所の属性は，183個の調査データにおいて決定属性である用途の違いに役立っていない属性を示しています。したがって新製品を開発する場合，ここにはどのような属性値が入ってもよいことを示しています。

　各機能の決定ルールの数をみると，「メール（受信＋送信）」が23種で最も多くありました。このことから，学生はメール機能をチャット的に使う利用法が他の利用法に比べ，いろいろな意味での違いを持つ利用法であり，さまざまな状況下で使われる最も特徴的な機能であることがわかります。しかし，{用途（使用している機能）}を決定属性にした解析結果からは，各決定ルールがどのユーザーグループに属しているかはわかりません。

　そのため，もとのデータ（表3.1）から，{ユーザーグループ}の情報を追加しました（表3.2の右側）。これをみると，{用途（使用している機能）}のうち，メール（受信）・メール（送信）・メール（受信＋送信）が共通にある他，電話機グループでは通話（受信），総合情報機器グループでは通話（受信）・通話（発信）・スケジュール帳，エンターテインメント機器グループでは通話（発信）・インターネットについての決定ルールがあることがわかりました。

3.5　決定ルールからユーザーグループの特性を考える

　次に，具体的に結果をグループ毎にみていきましょう。これまでの調査結果をまとめて，携帯電話使用の状況を，ラフ集合理論で解析した結果をもとに表すと図3.2のようになります。これをみると，各ユーザーグループを特徴づける属性項目には共通するものがほとんどなく，属性を組み合わせてみた場合に限らず，

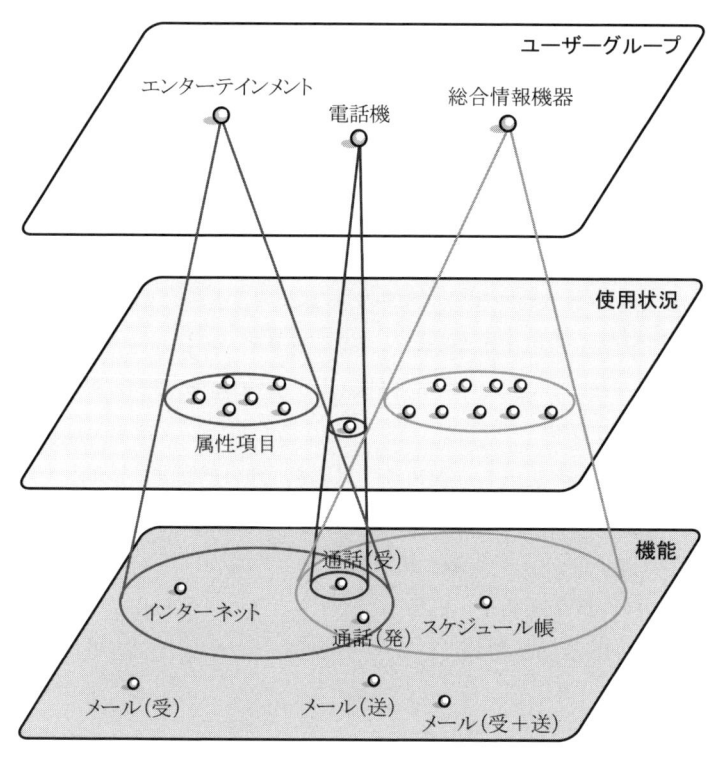

図3.2　各グループの特性

単独にみてもグループ間の違いを決定する属性が存在することがわかります。

各グループにおけるそのような属性と使われかた（用途）の関係をみていきましょう。

(1)　電話機グループ

抽出された決定ルールは，ほとんどがメールに関するものでした。また，受信・送信・受信＋送信の3つの用途はほぼ同数であることから，このグループを特徴づける用途は，即時のやりとりや時間をおいた発信・送信など，メール機能の幅広い使いかたにおいて特徴的であることがわかります。

通話（受信）の決定ルールが，所要時間 {1分未満}，姿勢 {床座} の組み合わせであったことから，通話（受信）は使用時間が短く，座って使用するところにこのグループの特徴があることが読み取れます。

同様に，メールにおいても，所要時間の短さが顕著でした。最長でも2分台と，収集した使用状況全体の平均である3分を上回るものはルールにはありませんでした。所要時間が短いことから，こみいった内容のやりとりを行わない使いかたをすることがある点で他のグループと異なることがわかります。

次に，携帯電話を使用する姿勢は {床座, 椅子座, 寝} とさまざまですが，立ち姿勢がルールにないことから，電話機グループのユーザーはリラックスした体勢でメールを使用するところに特徴があることがわかります。

また，メール機能を使用した理由は {計画的, 即時的, 理由なし} とさまざまです。打ち合わせなどの事務的な理由から友人との雑談まで，広い理由のそれぞれがこのグループのメール機能使用の理由を特徴づけています。

このことから，携帯電話を，語調や語気を含まない「気軽にコミュニケーションをとるための機器」と考えていることが他のグループにない特性と推測されます。

以上のようなことから，このグループのための製品開発にあたっては「通話機能は簡単に切り替えが可能に」「その他の機能は使用頻度が低いため，階層が深くなっても可」「メールを使いやすいように大型液晶モニタ」「即時に使用できるように，折り畳み型でなく棒形」などの仕様を持たせることによってグループの特性を満たすことが考えられるでしょう。特性とならない属性項目が仕様に必要かどうかは決定ルールからはわからず，もとの調査データに戻って判断する必要があることを一言付け加えておきます。

(2) 総合情報機器グループ

電話機グループとは異なり，通話とメールを用途とするルールが同数あり，このグループの特性をすべて満たす製品には両方の機能が不可欠であることがわかります。

[第3章] ラフ集合を用いて携帯電話ユーザーの特性を知る　**75**

　また，すべての決定ルールに所要時間があることも注目すべき点です。電話機グループに比べるとメールの所要時間は長く，より内容の多いやりとりを行っていますが，使用した理由が｛ない｝場合が多いため，あくまで友人との雑談の利用がグループの特徴となっているようです。総じて，2～3分以上の時間のかかるやりとりが通話についての，また短いやりとりがメール機能についてのこのグループの特徴です。雑談や短いやりとりには安価なメールを使用し，やりとりの内容が増えた場合は効率よく情報交換が可能な通話に切り替えるというように，目的や状況で機能の使い分けができているものと考えられます。

　このほかに，姿勢｛立ち｝・通信環境確保行動｛アンテナ立て｝が全体の約3割に含まれています。このことから，一般によく見られる「立ち止まって通話している」ポーズがグループの特性としてイメージできます。

　スケジュール帳の決定ルールは1つのみですが，この機能にも特徴づける属性が何であるかが示されています。

　以上のようなことから、このグループに向けた製品の仕様では「文字入力主体のインターフェース」とそれに関連して「大型液晶モニタ」などがグループの特性を満たす仕様として考えられます。具体的には「横長の文字入力を見やすくするために横長の画面」「素早い文字入力が行えるように両手で操作するインターフェース」などの従来と異なった形状を提案してもよいでしょう。

(3)　エンターテインメント機器グループ

　ほかのユーザーグループに比べ，使用回数が非常に多いため，その決定ルールも多数求められています。29個ある決定ルールのうち25個までがメール機能に関するものであり，そのうち16個が受信＋送信に関するものです。また，インターネット機能に関する決定ルールが求められたのは，このグループだけです。

　所要時間は1分～1分未満が多いため，使用頻度は高いが1回あたりの所要時間は比較的短く，チャットのような使いかたを示す決定ルールであることがわかります。

　所要時間と同等の頻度で，｛相手｝｛一緒にいた人｝｛携帯を持つ手｝の3つ

がありました．{相手}も{一緒にいた人}も内容は{友人}でした．このことは，目の前にいる友人と電話の先の友人と同時にコミュニケーションをとることはこのグループのみの特徴であることを示しています．実際の行動でも，相手からすぐ返答があることを期待して，こまめにメールチェックを繰り返す行動が見られました．友人と一緒にいるにもかかわらずメールチェックを繰り返す行為は，単に友人と一緒にいるときにメールを受け取る場合が多いということだけでなく，親しい友人と一緒の場合，メールの受信はエチケット違反にならないというルールがすでに存在していることを意味しています．

　携帯を持つ手が{利き手}{利き手でない}両方あり，しかも反対の手の荷物の有無に左右されていないことは，携帯電話の操作に熟達しているため，左右どちらの手でもストレスなく操作が行える人が多かれ少なかれこのグループにはあることを示唆しています．

　ほかのユーザーグループにはなかったものに姿勢{歩き}があります．これは，移動している最中にも携帯電話を使用することが習慣化されている人があることを示しています．

　インターネット機能については，{相手}が{なし}であることなどと組み合わされながら，所要時間が長く{3分以上}であることが，収集したインターネットの使用状況ほぼ全部に共通する普遍的な特性として得られました．また，{3分以上}とともに理由{なし}を属性値に持つ決定ルールがあることからも，必要に迫られて使用するというよりも暇つぶしとして長時間使用するケースが多かれ少なかれある，というのがインターネット使用の持つ特徴の1つといえます．

　以上のようなことから，このグループに向けた製品では，チャット的な使用が可能な「上半分に受け取ったメールを表示し，下半分で新規メールを作成することのできる大きい2分割の液晶画面」，メール機能の頻度が高いので「文字入力主体のインターフェース」などがグループの特性を満たす仕様として考えられます．

3.6 おわりに

　この章では，ラフ集合理論を用いて携帯電話の使用状況の特性を抽出するまでの方法を紹介してきました。

　これまでも多変量解析などで，同様の調査をすることは可能でした。この場合，属性項目の寄与の程度などから大きな傾向は得られますが，ラフ集合理論の決定ルールで得られる「あるユーザーグループは，こういうときはこんな使いかたもする」といった特徴的な組み合わせは得ることができませんでした。また多変量解析でも属性項目の寄与の大きさがユーザーグループごとの特徴を示しているといえますが，それはあくまでも他のグループに対して相対的なものにすぎません。ラフ集合のように，他のグループにはない，このグループだけが持つ特徴というような明快なものではありません。また，本章のようにC.I.を問題にしないときは使いかたの頻度の少ない，いわば使いかたにおける少数派の特徴を拾い出すことができることもメリットといえるでしょう。この組み合わせを使えば，調査からユーザーグループの特徴的な使用シーンを描き出したいときなどには有効です。

【参考文献】

[1] 杉山和雄, 井上勝雄編：EXCELによる調査分析入門, 海文堂出版 (1996)

[2] 森典彦：ラフ集合と感性工学, 日本ファジィ学会誌, Vol.13, No.6, pp.52–59 (2001)

[3] 中村昭, 横森貴, 小林聡, 谷田則幸, 米村崇, 津本周作, 田中博：ラフ集合―その理論と応用―, 数理科学, 7–12月号 (1994)

第4章

決定ルール分析法の提案

4.1 感性工学について

　ここでは，決定表から求められた決定ルールを，実際の工学的なテーマに，どのように応用するかについて話します．まず具体的に説明する前に，応用しようとする分野である感性工学について解説しましょう．

　感性工学で多く用いられている考えかたは，感性ワードを形態要素に関係づけることです．このことによって，設計に使える知識となるわけです．たとえば，腕時計の開発で都会的という感性ワードを実現するには，「やや小さめの丸形の外形で短針と長針が直線」などと具体的に形態要素に還元できればとても有益な方法です．

　そこで，まず感性ワードについて考えてみましょう．図4.1の感性ワードの構造に示すように，感性ワードは下位から，角張ったなどの「認知」，高級感などの「イメージ」，そして楽しいなどの「態度」という階層関係があります．なお，ここで用いる「態度」とは，たとえば「好き」というような，その評価の個人差が大きいものをいいます．「イメージ」は，心の中に思い浮かべる姿や情景と辞書にも書いてあるように，たとえば「女性的」というようなイメージは，多くの人

がある程度その姿を思い浮かべることができます。そのため，その姿を持たない「態度」と比較すると個人差が小さくなります。そして，角張ったというような「認知」のレベルになると，ほとんどの人が同じように理解するため，個人差はほとんどなくなります。このように，この階層関係は上位から下位にかけて個人差が少なくなっていく特徴を持っています。したがって，「態度」から直接に「認知」のレベルとの関係を解くよりも，中間に「イメージ」が入ることによって，その関係分析の精度が高くなると筆者は考えます。

たとえば，腕時計のユーザー層にとって，階層の上位に位置する「かっこいい」という態度を求めるためには，「カジュアルで個性的な」イメージが寄与しているとわかれば設計の知識となります。そして，「カジュアル」なイメージを実現するためには，角張ったシンプルなデザイン処理を施せばよいなどと，それらを求める認知レベルでの方法があれば，さらに具体的な設計知識となります。認知レベルでの角張ったという形態要素は左右対称の矩形でなどと，どんどん下位に関係づけが展開できれば，デザインや設計の有効な情報となることは確実です。

ただし，図4.1の階層関係はすべての製品について適用できるわけではありません。製品によってはイメージを持ちにくいものもあります。しかし，家電品などの成熟した製品のように感性的な傾向を持つ製品には用いることができると考えます。

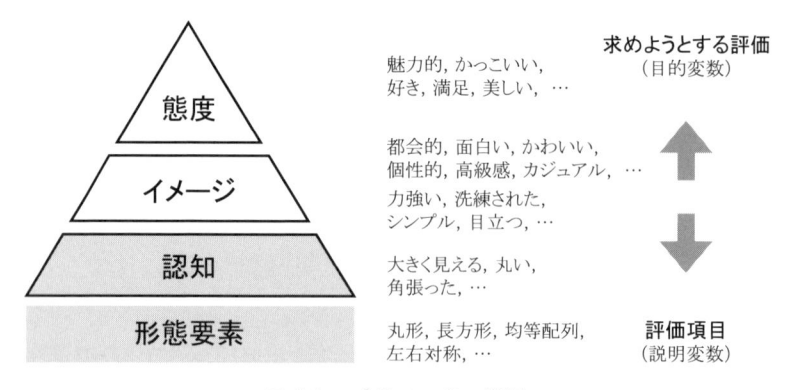

図4.1 感性ワードの階層

[第4章] 決定ルール分析法の提案　81

　もちろん，このような上位から下位への関係づけはデザイナーや設計者が頭の中で行っているものといわれています。それらを個人のレベルでなく設計方法論の立場から明らかにしようというのが感性工学です。そのために有名な多変量解析の手法が，その解明の強力なツールとして使われています。

　この感性工学の考えかたの流れを，図4.2のフロー図でもう一度確認のために見てみましょう。まず，若い男性が好きなのはカジュアルで個性的かつシンプルなイメージのデザインであるという関係を正準相関分析で求めます。そして，そのデザインのカジュアルなイメージは自動車の車高が高く車幅の狭い形態要素を持ったデザインであるという関係を，正準相関分析や重回帰分析，または数量化理論Ⅰ類や数量化理論Ⅱ類で求めることができます。その他の方法でも，この関係づけをもっと有効に行える手法があれば，感性工学では大いに利用しています。その1つがラフ集合を用いた方法です。

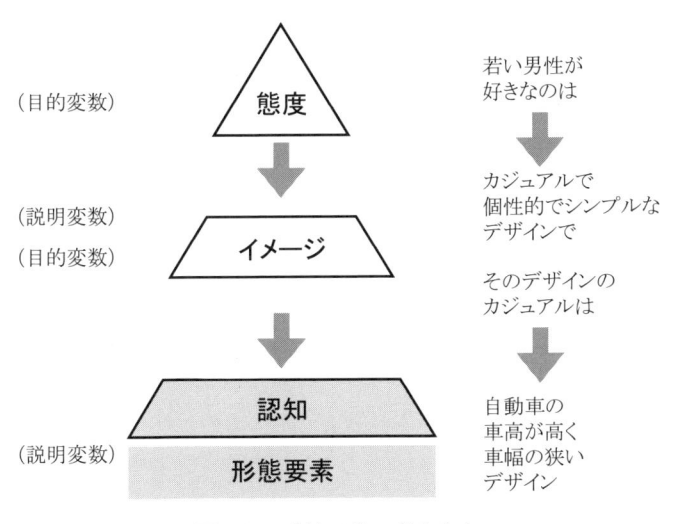

図4.2　感性工学の考えかた

4.2 決定ルール分析法の提案

　このように，近年，感性工学の方法にラフ集合が用いられはじめていますが，感性工学で用いられている主な手法としては，項目間が独立している（無関係）という線形式の多変量解析でした．しかし，人の持つ感性は，従来の工学的な分野と異なって，どうしても説明しようとする項目間（変数または属性）が少なからず関係のあるものになってしまいます．それに対応できる考えかたとして，ニューラルネットワークやファジィ理論，遺伝的アルゴリズムなどといった難しい用語の非線形式の手法が開発されてきています．今日，その中でラフ集合を用いる方法が，集合論が人間の考える構造と近いからかもしれませんが，とくに注目されてきています．

　感性工学においてラフ集合が，非線形な特徴を持つということ以外に，歓迎されているもう1つの理由は，サンプル数と変数（属性）の数の制限がないことです．実際に感性工学の調査分析を行うときに，多くのサンプルを収集することはとても困難です．そのためこれまでは，かなり古い製品まで分析の対象にしてサンプルを集めるということを行っていました．企業のデザイナーや設計者は，売られている比較的新しい製品の中から判断して製品開発しているのが普通なので，より現実に即した分析がラフ集合ではできることになります．

　しかし，このように期待されるラフ集合ですが，決定表からたくさんの決定ルールが求められ，新製品計画などで，ある目的のための属性仕様を推論するに当たり，そのとても多くの決定ルール条件部の中からいかにして最適な属性値の組を見つけるか，という課題があります．そこで，たくさん求められる決定ルールを，後述しますが，決定ルールの計算で一緒に求められる第1章で述べたC.I.値をもとに，少し統計的な観点を加味して分析評価できる方法を考え，決定ルール分析法と名づけて次節以降で説明します．これは多変量解析で用いられている目的変数に寄与する説明変数の関係を分析するのと，とても似ている方法で考察ができるという利点があります．

4.3 決定ルール分析法の求めかた

ラフ集合の応用の目的分類からいうと，ここで提案する分析法は推論のための方法です．新製品計画などで目的に合う属性仕様を推論しようというものです．はじめに提案する方法の考えかたを述べます．数多くの決定ルールから最適の属性値の組を見つけるには

1. 条件部の長さ（属性値の数）が小さいこと
2. C.I. 値の大きいこと

の2つを基準に評価し，評価の高い決定ルール条件部のどれか1つを選んでその属性値の組をそのまま採用すればよく，それが最も合理的です．また条件部の併合によって推論の確実さを増す方法を第1章に述べましたが，効率のよい併合は上記の基準に基づくものでした．しかし上記の基準は次元の違う2つの尺度からなるので評価を一元化することができず，また1つだけの決定ルール条件部から属性値の組を採用するので他の決定ルール条件部の情報を落としてしまいます．

そこで決定ルール条件部を属性値単位に分解し，上記の基準でルール条件部が高評価であればあるほど含まれる属性値に高得点を与えながら，すべてのルール条件部について得点を合算することを考え，その具体的な1つの方法を提案します．得点を合算したものをコラムスコア (Column Score) と名づけます．各属性値に与える得点は，その属性値を含むルール条件部が上記の基準に従うようにするのですが，具体的な数量関係については根拠となるものはありません．したがっていろいろ試み，結果が経験に照らして妥当かを考察した結果で次のように決めました．

ある決定クラスに対する決定ルール条件部が K 個あるとして，k 番目のルールの C.I. 値を p_k，k 番目のルール条件部の属性値集合を Q_k $(k = 1, \cdots, K)$，属

84 　［第1部］感性工学のためのラフ集合

性値を $z \in Z$ (Z は全属性値集合) で表すと，Q_k が n_k 種の z からなるとき

$$Q_k における z のスコア \quad S_{kz} = p_k/n_k \quad [z \in Q_k のとき]$$
$$S_{kz} = 0 \quad [z \notin Q_k のとき]$$
$$z のコラムスコア \quad CS_z = \sum_{k=1}^{K} S_{kz}$$

と定義します．これを言葉で表すと，ルール条件部を構成する属性値の数でC.I.値を割ったものがそのルール条件部の属性値のスコアであり，コラムスコアはそれを決定ルールのすべてについて合算したものです．この合算のとき，たとえば2つのルール条件部の場合にそれぞれにあてはまるサンプルに重複が多い場合と少ない場合とではC.I.値が同じでも計算を変えるべきかという問題がありますが，いまは問わないことにします．

　例を示します．ただし便宜上，この章では属性値を属性ごとに異なるアルファベットで表すという，前章までとは異なる表記法を用いますので注意してください．

　ルール条件部の数 $K = 3$, 全属性値集合 $Z = \{A, B, C, D\}$
　1番目のルール条件部の属性値集合 $Q_1 = \{A, C\}$, そのC.I.値 $p_1 = 0.4$
　2番目のルール条件部の属性値集合 $Q_2 = \{D\}$, そのC.I.値 $p_2 = 0.5$
　3番目のルール条件部の属性値集合 $Q_3 = \{A, B, D\}$, そのC.I.値 $p_3 = 0.6$
のとき
　Q_1 における A, C のスコア S_{1A}, S_{1C} は $0.4/2 = 0.2$
　Q_2 における D のスコア S_{2D} は $0.5/1 = 0.5$
　Q_3 における A, B, D のスコア S_{3A}, S_{3B}, S_{3D} は $0.6/3 = 0.2$
と計算され，A, B, C, D の各コラムスコアは次のようになります．

$$CS_A = 0.2 + 0.2 = 0.4$$
$$CS_B = 0.2$$
$$CS_C = 0.2$$
$$CS_D = 0.5 + 0.2 = 0.7$$

[第4章] 決定ルール分析法の提案　85

　以上のようにして求めたコラムスコアは，個々の属性値の，決定クラスへの一種の寄与の程度を表すと見てよいでしょう．とくに数理的根拠はないのですが，後述するようないくつかのシミュレーションの経験を踏まえて，ほぼ妥当なものと考えています．

　次にコラムスコアの高い属性値を組み合わせることによって，新製品開発などにおける属性仕様の推論をより確かなものとすることを提案します．これは第1章のルール条件部の併合と同じ目的のものですが，併合が，ルール条件部を構成する属性値集合どうしの結合で決定表のサンプルにない属性値の組を作ったのに対し，ここでの属性値の組み合わせは，単独の属性値どうしの結合で決定表のサンプルにない属性値の組を作る，という点が異なります．その作業を視覚的にやりやすくするために用いるのが「組み合わせ表」という考えかたです．図4.3は前述のコラムスコアを求めた例を組み合わせ表に表したものです．全属性値を行と列に置いた正方行列の組み合わせ表では，コラムスコアを分解して，

組み合わせ表

決定ルール
条件部　　C.I.値

AC = 0.4

D = 0.5

	A	B	C	D
A			0.2	
B				
C	0.2			
D				0.5

決定ルール
条件部　　C.I.値

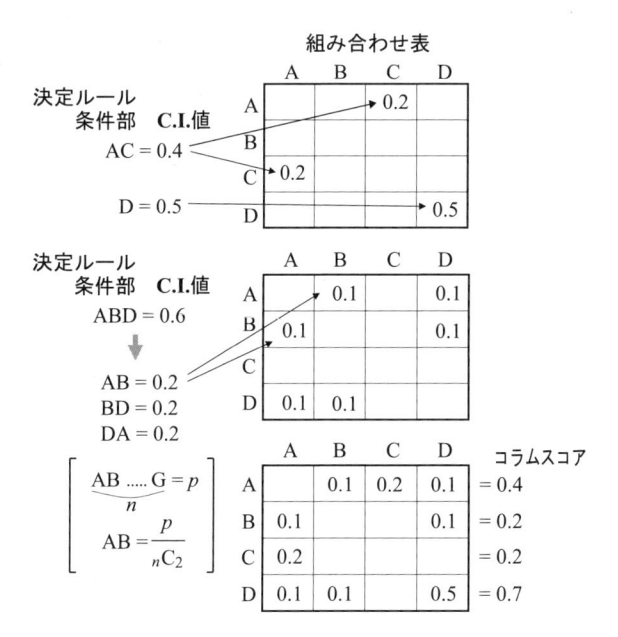

ABD = 0.6
↓
AB = 0.2
BD = 0.2
DA = 0.2

	A	B	C	D
A		0.1		0.1
B	0.1			0.1
C				
D	0.1	0.1		

$$\left[\begin{array}{c} \underbrace{AB \cdots G}_{n} = p \\ AB = \dfrac{p}{{}_nC_2} \end{array} \right.$$

	A	B	C	D	コラムスコア
A		0.1	0.2	0.1	= 0.4
B	0.1			0.1	= 0.2
C	0.2				= 0.2
D	0.1	0.1		0.5	= 0.7

図4.3　組み合わせ表の作成のしかた

図に示すように行と列の該当要素に配分した数値の行の集計がコラムスコアと一致するようにするために，要素に配分する数値はルール条件部を構成する属性値のすべてのペア（対）の数（それは数学の「組み合わせ」の数 $_{n_k}C_2$ として求められます）でC.I.値を割った値の1/2としています。

　この提案した方法を具体的な例題を用いて説明しましょう。まず，表4.1にあるように，自動車の外形について形の違いを見分けられる程度に分割した形態要素（属性）を求めます。そして，雑誌などでよく使われている自動車の4つのイメージを用います。事前に集めた17台の自動車の写真（サンプル）について，ユーザーにそれらがどのタイプに当てはまるかを判定してもらって，それをまとめた結果を表4.2の右端の列に書きました。なお，前述の感性工学の考えかたでは，この表は形態要素とイメージとの関係を求めようとする例題[1]です。

　次に，表4.2（決定表）の中で，一例としてスポーツのイメージについて計算します。そして，求められたすべての決定ルール条件部をC.I.値と一緒に図4.4の右側に示します。決定ルール条件部の持つ意味とC.I.値の求めかたは理論的には第1章で説明済みですが，おさらいの意味もあって，ここでは自動車のイメージの違いを決める属性上の特徴を人が直観で抽出することを考えてみましょう。特徴抽出が正確かつ無駄なく行われれば理論上の決定ルールと一致するわけで

表4.1　自動車の形態要素とイメージ

```
●形態要素
1. 丸み（線，面，角の）       (A)丸い        (B)中間        (C)角張っている
2. キャビンとボデーの関係     (D)分離型      (E)半融合型    (F)一体化
3. ラジエータグリル          (G)目立つ      (H)小さい      (I)なし
4. ヘッドランプ              (J)丸か曲面で表情あり        (K)長方形     (L)なし
5. ヘッドランプの側面への回り込み            (M)あり        (N)なし
6. バンパー                  (P)ボデーと別色  (Q)モール付き  (R)同色
7. ピラーの目立ち度          (S)リヤのみ太い  (T)センターもリアもやや太い
                            (U)リヤのみやや太い
8. キャビンの大きさ          (V)大きい      (W)中くらい    (X)小さい

●イメージ    (1)スポーツ  (2)パーソナル  (3)ファミリー  (4)フォーマル
```

[第4章] 決定ルール分析法の提案　**87**

表4.2　自動車の評価の決定表

サンプル	形態要素								イメージ
U	1	2	3	4	5	6	7	8	Y
1	B	D	I	J	N	R	U	X	1
2	A	E	H	J	M	R	S	X	1
3	B	D	H	K	M	R	S	X	1
4	A	E	H	J	M	R	S	W	2
5	A	E	I	J	N	R	U	X	1
6	C	D	G	J	M	Q	U	W	4
7	A	F	H	J	N	P	T	V	3
8	B	D	H	L	M	R	U	W	1
9	B	E	G	K	M	R	S	V	2
10	C	E	G	K	M	Q	S	W	4
11	A	F	G	J	N	R	S	W	2
12	A	E	I	L	N	R	S	X	1
13	B	D	G	K	N	S	W		4
14	A	D	I	J	N	R	U	X	1
15	C	E	I	L	N	R	U	X	1
16	C	F	G	K	M	P	U	V	3
17	A	F	H	J	M	R	S	V	2

| [U-1]
BU
I
NU
UR
X

[U-2]
X

[U-3]
BDM
BH
DH
DRM
DSM
KD
KH
X | [U-5]
I
NE
NU
UA
UE
UR
X

[U-8]
BDM
BH
BU
BWM
DH
DRM
L
UH
UR | [U-12]
I
CR
L
NE
X

[U-14]
DA
I
NU
UA
UR
X | [U-15]
CR
I
L
NC
NE
NU
UE
UR
X

(or)

「X」の場合
C.I. = 7/8 = 0.875 | 決定ルール
条件部

X
I
UR
NU
L
NE
BU
BDM
BH
DH
DRM
UA
UE
DSM
KD
KH
BWM
UH
DA
CR
NC | C.I.値

0.875
0.625
0.625
0.5
0.375
0.375
0.25
0.25
0.25
0.25
0.25
0.25
0.25
0.125
0.125
0.125
0.125
0.125
0.125
0.125
0.125 |

図4.4　Y=1の決定ルール条件部とC.I.値の計算過程

す。たとえば，表4.2の12番目のサンプルに注目します。このサンプルのイメージはスポーツ (Y=1) なので，スポーツ以外の9つのサンプル (番号：4, 6, 7, 9, 10, 11, 13, 16, 17) と比較します。サンプル12の形態要素8の属性値「X」は他の9つのサンプルにはないので，「X」はスポーツイメージを他のイメージから識別することのできる属性値として抽出できます。同じようにして，形態要素3と4の属性値「I」と「L」も他と識別できる単独の属性値として抽出できます。しかし，それ以外の属性値「A」「E」「N」「R」は単独では識別できないので，複数の組になった場合を考えます。いろいろと眺めてみると，属性値「N」と「E」は単独では識別できませんが，属性値「NE」の組では他の9つのサンプルにはないので，スポーツ以外のイメージから識別することができます。このようにして求めた属性上の特徴はすなわち決定ルール条件部であって，サンプル12を使って抽出したものですから図4.4の左側の枠の中のサンプル12 (U-12) の下に書き出してあります。作業自体は単純なのですが，これを人が決定表を肉眼で見ながら行うのは大変だし間違うこともあるので，パソコンで行います。

　ところで，上記の説明では，スポーツ以外の9つのサンプルに1つもない単独の属性や属性の組を求めましたが，そこまで厳密にしないで，もう少し判断基準を緩めた考えかたがあります。詳しくは，第8章に譲ります。

　このようにして，決定表からスポーツのイメージについての決定ルールをすべてのサンプルについて求め，図4.4の左側のように書き出します。枠の中の「U-1」は，スポーツタイプと評価された表4.2の1番目のサンプルを表しています。表4.2でスポーツタイプと評価されたサンプルは8個ありますが，ここで「X (キャビンが小さい)」に注目してみると，8番のサンプル (U-8) 以外は決定ルール条件部として求められています。このことから，スポーツタイプと評価された総数8個 (決定クラス) の中で，この「X」が出現する割合7/8=0.875が決定ルール条件部「X」のC.I.値となります。この説明でわかるように，このC.I.値が1に近いほどスポーツタイプと評価される影響力の強い形態的な属性となります。スポーツカーはほとんど2人乗りでキャビンが小さいですから，0.875と高い値となるのも経験から容易に理解できるところです。なお，「X」のよう

[第4章] 決定ルール分析法の提案

に単独のものだけでなく,「BU」のような属性値の組み合わせの決定ルール条件部も同じようにC.I.値を求めます。

ここまでは,前章まで何度も説明のあった内容ですが,次から,はじめての本題についての説明になります。

コラムスコアの算出と組み合わせ表を作る作業を例題の計算結果である図4.4の決定ルール条件部とC.I.値で行うと,図4.5に示す組み合わせ表になります。すぐに理解できると思いますが,図4.5の組み合わせ表の中の値は属性値のスコアを分割して関連する属性に配分したもので,これを「配分スコア (Distribution Score)」ということにします。これで単独の属性とその値を導き出すことができたことになります。

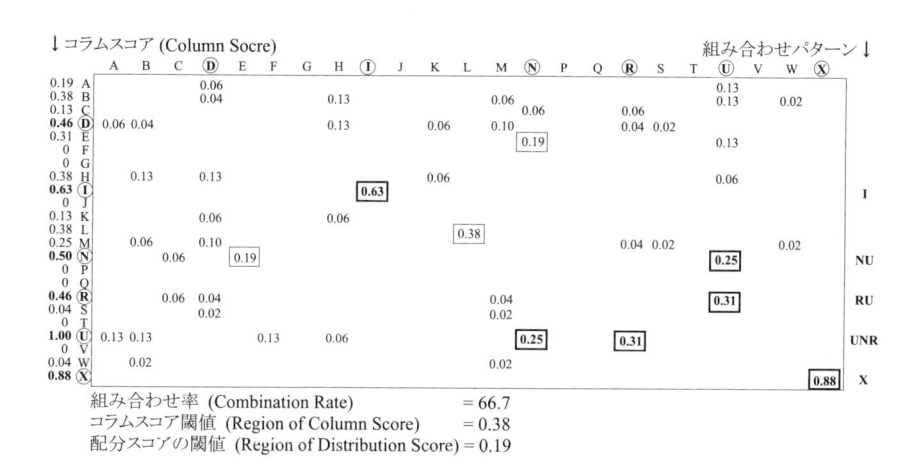

図4.5　組み合わせ表の計算結果

これまで,図4.4の決定ルール条件部とC.I.値で分析結果を考察するとき,C.I.値が高い決定ルール条件部だけを取り出して考察していましたが,この組み合わせ表でも同じ考えかたを採用しています。具体的にどのように行うかというと,コラムスコアと配分スコアの閾値を設けるという方法です。つまり,コラムスコアの閾値は「コラムスコアの平均値×3/2」,そして配分スコアの閾値は「配分スコアの平均値×3/2」で求めます。この「3/2」という数字が示すように,上

位の約4分の1のコラムスコアと配分スコアを考察の対象にするという考えかたです。この具体的な考察のしかたは後述します。なお，係数 (3/2) は，試行錯誤により各種の係数を定義して比較した結果，最も結果の良かった係数を選択しました。

組み合わせ表 (図4.5) の中の配分スコアが閾値以上の値だけを矩形の枠で表示しました。そして，コラムスコアが閾値以上になっているそれぞれの属性の行と列の交点に，この配分スコアがあるならば，それに太い矩形の枠を付けて，それらを数えて総数を求めます。図4.5では全体の9つの枠のうち，6つが該当しています。この該当する割合を「組み合わせ率 (Combination Rate)」と命名します。この例題での組み合わせ率は「66.7％ (= 6 ÷ 9 × 100)」です。この値が高いということは，C.I.値の高い属性値の多くが交互に絡み合っていることを示しているので，コラムスコアの閾値以上の属性値は単独で取り出すことが可能であるという考えかたです。

次に，代表的な属性値の組み合わせを求める方法について考えます。図4.5の組み合わせ表の中にある太い矩形の枠に注目すると，いちばん上にある太い矩形の枠 (0.63) は行と列の属性が「I」なので，右端の組み合わせパターンの欄に属性「I」が表記されています。同じように，上から2番目の太い矩形の枠 (0.25) は行の属性が「N」で列が「U」なので，右端の組み合わせパターンの欄は属性「NU」となります。同じ作業を繰り返すと，組み合わせパターンは「I」「NU」「RU」「UNR」「X」の5つが求められます。これらは，図4.4の右側の上位の決定ルール条件部と同じもののほか，ルールをまたがっての組み合わせが関連をたどることで作られていることがわかります。決定ルール条件部が少ないときは，このようにめんどうなことをしなくても，上位の決定ルール条件部を見ればわかりますが，たくさんの決定ルール条件部が求められたときに威力を発揮します。ただし，あくまでもこれらは算出された多くの決定ルール条件部からの情報が合成されたものであることを理解してください。

この分析法を考案する過程で，提案のコラムスコアの考えかたと数量化理論II類のカテゴリースコアとの比較を行いました[2]。女子大生を被験者に，携帯

電話32機種×29認知部位×12評価用語のデータに基づいて，同じデータで決定ルール分析法と数量化理論II類で計算した比較結果を考察したのが表4.3です。この結果から提案のコラムスコアの考えかたのほうが手法的に優れていることがわかりました。

これで，当初の目的であるすべての単独の属性について影響力の度合いを示す指標を求めることができました。次節では，この提案の決定ルールの分析法が実際にはどのように使われるかを，デジタルカメラの事例で説明しましょう。

表4.3　ラフ集合と数量化理論II類との比較

評価用語	ラフ集合 (決定ルール分析法)	数量化理論II類
1. 実用的な	◎	－
2. 進歩的な	－	○
3. かっこいい	－	－
4. 楽しい	○	－
5. カジュアルな	－	－
6. 斬新な	－	－
7. シンプルな	◎	－
8. かわいい	◎	－
9. 新鮮な	－	－
10. シックな	－	◎
11. 軽快な	◎	－
12. おもしろい	－	○

◎印を記した手法は，もう一方と比較して，現場でデザインする指針として優れていると判断できるもの。○印は，やや優れていると判断できるもの。－印は，優劣を付けがたいもの。

4.4　デジタルカメラによる事例

それでは，デジタルカメラによる事例によって，前節で説明した感性工学の考えかたを確認し，提案の決定ルール分析法を実際にどのように使うのかについて話しましょう。

感性工学の考えかたによって，デジタルカメラについての感性ワードの構成を図示すると図4.6のようになります。上位には，たとえば「かっこいい」「美

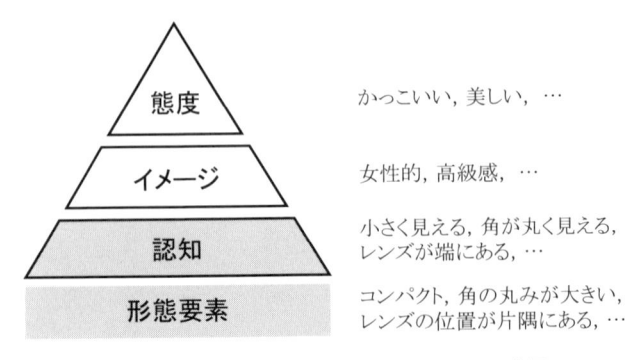

図4.6 デジタルカメラの感性ワードの階層

（ピラミッド図：上から）
- 態度 — かっこいい，美しい，…
- イメージ — 女性的，高級感，…
- 認知 — 小さく見える，角が丸く見える，レンズが端にある，…
- 形態要素 — コンパクト，角の丸みが大きい，レンズの位置が片隅にある，…

しい」「女性的」「高級感」など，人々がデジタルカメラについて持っている態度やイメージがあります。下位には「小さく見える」「角が丸く見える」「レンズが端にある」など，デジタルカメラの具体的な形状を表す認知部分があります。設計者やデザイナーは，この認知部分をデジタルカメラの形態要素に還元します。いままで，設計者やデザイナーは，態度やイメージに適合する具体的な形態要素を直感で求めていました。そこで，デジタルカメラの態度・イメージと形態要素との関係が明らかになれば，それはデジタルカメラを設計するときに大変有効な知識となります。

　このような設計のための知識を得るために，まずやらなければならないのは，デジタルカメラについての態度・イメージと形態要素を表す言葉を導き出すことです。その方法は，市販されているデジタルカメラの製品カタログを被験者に見せて，返ってくる言葉を整理します。しかし，導き出した言葉を設計に使えるようにするためには工夫が必要です。態度・イメージについてはデジタルカメラ全体を的確に評価する言葉を導き出す一方，形態要素については偏りなく具体的な形態要素を導き出さなくてはなりません。この調査では，図4.7に示すように，用意した30機種のデジタルカメラのカタログを被験者に見せ，好きなデザインの製品を上位5位まで順序づけてもらいました。そして，1位と2位，1位と3位，1位と4位などの比較を行い，好きな理由が設計に必要な形態要素にいたるまで質問を繰り返しました。たとえば，「新鮮な感じがするから」という

図 4.7 感性ワードの抽出

答えに対して,「具体的にどの辺が」というように質問しました。同じようにして,嫌いなデザインの製品の形態要素を表す言葉も導き出しました。質問や被験者の回答の様子はビデオで記録し,被験者が発話した態度,イメージおよび形態要素に関する言葉をすべて書き留めました。こうして得られた言葉を整理して,表4.6の中の形態要素の項目に示すように,「サイズ」「奥行き」などの17個の分類項目と,「(サイズが) 大きい」「(サイズが) 普通」「(サイズが) コンパクト」などの50個の形態要素を導き出し,A, B, C, …, x, y, zの記号を付けました。これらの分類をもとに,調査者らの審議で30機種のデジタルカメラについて,それぞれの形態要素の記号を当てはめたのが表4.4の左側の部分です。

続いて,ビデオに記録した言葉の中から,態度・イメージを表す言葉を導き出し,分類・整理してまとめました。その結果,表4.4の右側に示すように,「オリジナリティ」「高級感」「モダン」「女性的」などのイメージを表す言葉と,「審美性 (美しい)」「新規性」「かっこいい」などの態度を表す言葉を導き出しました。これらの言葉はラフ集合の結論 (決定属性) として用います。次に,求められた7つの態度・イメージを表す言葉に対して,各機種がどの程度該当するかを5段階評価で被験者に答えてもらい,得られたデータの平均値を求めた結果が表4.4の右側の数値です。さらに,ラフ集合による分析を行うために,5段階評価の

表4.4　デジタルカメラ30機種の形態要素(左)および態度・イメージの評価(右)

No.	メーカー名	デジタルカメラ機種	サイズ	奥行き	プロポーション	Rのコーナー	レンズの方向	表面処理の位置	素材	胴体の凸部(レンズを除く)の特徴	胴体に特徴的溝・凹	広い面	レンズのサイズ	レンズカバー	レンズ部の可動	レンズ周りの装飾	グリップ	ファインダー形状	オリジナリティ	高級感	モダン	女性的	審美性	新規性	かっこいい
1	Panasonic	LUMIX LC40	B	E	I	M	N	P	T	V	b	e	g	h	m	o	q	u	y	2.50	3.00	1.67	1.50	2.33	2.33	2.33
2	Nikon	CoolPix2500	C	E	G	L	O	Q	U	X	b	d	f	j	k	n	s	v	z	3.83	2.33	2.83	3.67	2.83	4.17	2.17
3	Sony	Cyber-Shot U	C	F	J	M	N	Q	T	W	b	e	f	j	l	p	s	v	z	2.83	2.67	3.83	4.17	3.83	3.17	3.17
4	CASIO	EXILIM	B	F	I	M	N	Q	T	V	c	e	f	j	m	p	s	v	x	3.33	2.17	3.33	3.33	2.67	3.50	2.33
5	Nikon	CoolPix2000	B	E	I	L	O	Q	R	X	c	e	g	j	l	o	s	u	z	1.83	2.00	2.67	3.00	2.33	1.83	2.33
6	Panasonic	LUMIX F7	C	F	J	M	N	Q	S	V	c	d	f	j	l	o	s	u	y	2.83	3.50	2.50	1.83	3.33	2.33	2.67
7	TOSHIBA	Sora T20	C	F	G	L	N	Q	R	W	b	e	f	j	l	o	s	v	x	4.00	3.17	3.67	4.17	3.83	3.67	2.83
8	Nikon	D1x	A	D	I	L	N	Q	U	X	b	e	g	h	m	o	q	t	z	2.00	4.17	2.00	1.00	3.50	1.00	4.17
9	Canon	PowerShot A40	B	E	I	M	N	P	T	W	b	e	g	i	l	o	q	t	y	2.50	2.33	2.83	1.83	2.83	2.50	2.33
10	FUJI	FinePix A303	B	E	I	M	N	Q	R	V	b	e	f	j	l	o	s	v	y	2.33	2.17	2.50	2.67	2.67	2.50	2.50
11	Canon	PowerShot A200	B	E	I	M	N	Q	U	V	b	e	g	j	l	p	q	v	y	2.83	1.50	2.33	1.67	2.00	2.67	1.67
12	FUJI	FinePix F401	C	F	H	L	N	Q	R	V	c	e	f	j	l	o	s	u	x	2.67	2.50	2.83	2.33	2.83	2.83	2.83
13	OLYMPUS	CAMEDIA C300	B	E	I	M	N	P	U	X	b	d	f	i	k	o	s	v	y	3.00	2.67	3.17	3.50	3.00	2.67	2.67
14	Sony	Cyber-Shot P7	C	E	I	K	N	Q	U	V	c	e	f	h	l	o	r	v	x	4.17	3.00	3.33	2.33	3.50	4.00	3.33
15	Canon	IXY 200	B	F	I	M	N	P	S	V	c	e	f	j	l	o	r	w	y	3.33	3.67	3.50	2.67	4.00	3.00	4.00
16	FUJI	FinePix 4500	C	F	H	M	O	P	U	V	c	e	f	j	l	o	s	v	x	2.50	2.17	2.50	2.67	2.67	2.67	2.17
17	TOSHIBA	Sora T10	C	F	H	L	N	Q	R	W	c	e	f	j	l	o	s	v	y	3.83	1.50	3.33	4.50	2.50	3.83	2.17
18	MINOLTA	DiMAGE F100	C	F	I	L	N	Q	T	V	b	e	f	j	l	o	s	w	y	2.00	3.67	2.33	2.17	2.83	2.00	3.33
19	RICOH	Caplio RR1	B	D	J	L	N	P	U	V	a	e	g	i	m	p	s	v	y	4.67	3.00	2.00	1.33	2.17	3.67	2.17
20	Canon	PowerShot S40	C	F	I	M	N	P	S	V	b	e	f	j	k	o	s	v	y	3.17	3.67	2.83	2.33	3.50	3.67	3.67
21	FUJI	FinePix 4900z	A	D	H	K	N	Q	U	W	a	e	g	h	m	o	r	t	z	4.17	4.33	2.33	1.67	2.67	4.17	3.67
22	OLYMPUS	CAMEDIA C720	A	D	I	K	N	Q	U	X	c	e	g	h	l	o	s	u	z	2.83	2.67	2.83	2.00	2.50	2.67	2.67
23	Sony	Cyber-Shot F707	A	D	I	K	N	Q	U	W	a	e	g	h	m	o	r	t	z	3.50	3.83	2.17	1.17	2.50	3.50	3.83
24	Panasonic	LUMIX LC5	B	E	I	M	N	P	T	X	b	e	g	j	l	o	r	v	y	2.17	2.83	1.33	1.17	2.33	1.83	2.33
25	SANYO	DSC-MZ2	C	E	I	L	N	Q	S	V	b	e	g	j	l	o	s	u	y	2.00	2.00	2.17	3.33	2.50	2.17	1.83
26	TOSHIBA	Allegretto M25	B	E	I	K	N	P	U	X	b	e	g	i	l	o	r	u	x	2.33	2.00	2.50	3.00	2.00	2.33	1.50
27	FUJI	FinePix F601	B	E	G	L	O	Q	T	V	c	e	f	j	l	o	s	u	x	3.50	3.00	2.83	3.00	3.67	2.67	2.67
28	CASIO	QV-2400UX	B	E	I	M	N	Q	U	X	c	e	g	j	m	n	r	t	z	4.00	2.17	2.33	2.33	2.17	3.00	2.00
29	MINOLTA	DiMAGE X	C	F	H	M	O	Q	T	V	c	e	f	j	m	p	s	w	y	3.17	3.00	3.33	2.83	3.33	3.00	3.00
30	CASIO	QV-R4	B	F	I	L	N	P	R	V	c	e	f	j	l	o	r	v	y	2.33	3.17	2.50	2.67	2.67	2.17	2.67

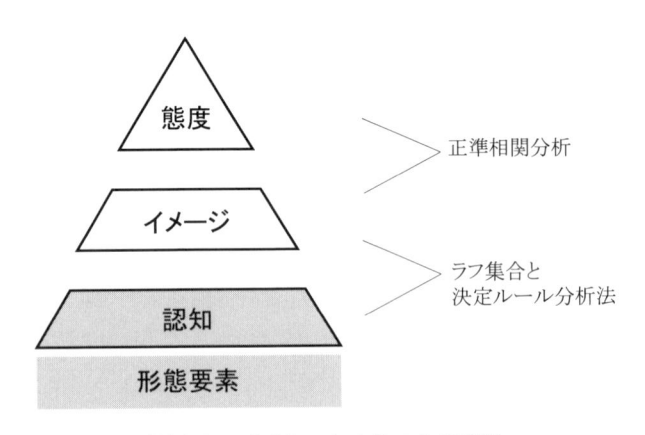

図4.8　デジタルカメラの分析手順

- 態度 — 正準相関分析
- イメージ
- 認知 — ラフ集合と決定ルール分析法
- 形態要素

中央値である「2.5」を境に，該当しない「1」と，該当する「2」の2つのクラスに30機種のデジタルカメラを分けました。

ここまでが，分析を行うための準備です。分析の進めかたとして，図4.8に示すように，まず態度とイメージの関係を正準相関分析で求め，次にイメージと形態要素の関係をラフ集合と提案した決定ルール分析法で求めます。

表4.5は，正準相関分析を用いて表4.4のデータを計算した結果です。ここから，態度とイメージの間に次の関係を読み取ることができます。なお，正準相関分析の途中の説明は，この本の目的ではないので省略しました（興味のある読者は『多変量解析の使い方』[3]を参照してください）。

(a) 「審美性（美しさ）」「新規性」「かっこいい」の3つの態度を加味したものは，「高級感」と「モダン」なイメージのデザインが大きく寄与している。

(b) 「新規性」は，「オリジナリティ」があって，少し「女性的」なイメージのデザインと示されている。「高級感」は「新規性」に寄与していない。

(c) 「審美性」の態度は，「モダン」で，少し「女性的」なイメージのデザインと示されている。「オリジナリティ」は「審美性」には寄与していない。

次に，表4.4のデータを用いて，イメージと形態要素の関係をラフ集合と本提案の分析手法で求めます。分析の一例として，イメージの「オリジナリティ」を

表4.5 正準相関分析の結果

正準相関係数

第1	第2	第3
0.942	**0.920**	**0.664**

第1群の正準変量(標準)

0.171	**0.860**	-0.639	オリジナリティ
0.735	-0.516	-0.133	高級感
0.665	-0.200	**0.568**	モダン
-0.016	0.311	0.384	女性的

第2群の正準変量(標準)

0.478	0.097	**1.315**	審美性
0.399	**0.857**	-0.371	新規性
0.458	-0.644	-1.141	かっこいい

決定属性, 形態要素を条件属性として, 決定ルール条件部を求めます。なお, このデジタルカメラの事例では, サンプル数が30, 説明変数の数が50となっているため, 多変量解析では分析できません。

表4.6において, デジタルカメラにオリジナリティがある場合 (Y=2), はじめラフ集合によって求められた決定ルール条件部の数は「628」もありました。そのとき, 提案した分析法で計算すると組み合わせ率は「49%」と低い値でした。図4.4の右側に示すように, C.I.値は同じような数値が並ぶ階段状の傾向があります。この傾向を利用して, つまり, 決定ルール条件部の数をC.I.値が異なる値になるときを区切り目として「286」および「121」へと少なくして計算すると, 表4.6の右下の四角枠に示すように組み合わせ率は「70%」および「71%」と高い値になりました。これ以上決定ルール条件部の数を少なくすると組み合わせ率は逆に低下するので, この最大となるところを考察するレベルとしました。

同様にして, デジタルカメラにオリジナリティがない場合 (Y=1) も分析を行いました。これらの結果において, Y=2 および Y=1 ともに高得点のコラムス

表4.6 コラムスコア (決定属性を「オリジナリティ」とした場合)

分類項目	形態要素		Y=2	Y=2	Y=2	Y=1	分類項目	形態要素		Y=2	Y=2	Y=2	Y=1
サイズ	大きい	A	0.18	0.16	0	0	胴体に特徴的	ある	d	0.16	0.16	0.16	0
	普通	B	2.04	1.21	0.3	0.755	溝・凹	ない	e	0	0	0	2.1
	コンパクト	C	1.75	1.28	0.95	0	広い面	ある	f	1.89	1.64	0.85	0.05
奥行き	厚い	D	0.37	0.16	0	0		ない	g	0.83	0.47	0.04	1.29
	普通	E	1.94	1.2	0.68	1.408	レンズの	大きい	h	0.46	0.21	0.16	0
	薄い	F	1.28	1.07	0.82	0	サイズ	普通	i	0.36	0.17	0.08	0.39
プロポーション	縦長	G	0.16	0.16	0.16	0		小さい	j	1.42	0.98	0.46	0.84
	ほぼ正方形	H	0.82	0.55	0.29	0	レンズカバー	スライド	k	0.26	0.26	0.26	0
	横長	I	0.8	0.55	0.21	3.033		シャッター	l	0.38	0.05	0.05	0.72
	かなり横長	J	0.21	0.21	0.21	0		ない	m	1.46	1.07	0.74	0.14
コーナーR	大きい	K	0.63	0.47	0.16	0	レンズ部の	回転	n	0.11	0.11	0	0
	普通	L	1.81	1.1	0.48	0.212	可動	前後にズーム	o	0	0	0	3.3
	小さい	M	2.37	1.84	1.2	0.75		固定	p	0.32	0.32	0.32	0
Rの方向性	二方向	N	2.63	2.34	1.7	0.212	レンズ周りの	ある	q	0.26	0	0	0.14
	三方向	O	0.53	0.11	0	0	装飾	少し	r	1.16	0.69	0.39	0
レンズの位置	中央側	P	0.93	0.47	0.11	1.417		ない	s	2.48	2.05	1.2	1.3
	片隅	Q	3.27	2.64	2.1	0.727	グリップ	厚い	t	0.46	0.13	0.08	0
表面処理の	鏡面・光沢	R	0.71	0.51	0.34	0.273		薄い・凸形状	u	0.75	0.26	0	0.14
特徴	ヘアライン	S	0.42	0.34	0.08	0		装飾処理	v	2.42	1.82	1.08	0.3
	艶消し	T	1.13	0.78	0.34	1.848		ない	w	0.42	0.24	0.08	0
	シボ	U	3.87	3.08	1.6	0	ファインダー	丸	x	1.55	1.11	0.26	0
素材	金属	V	1.53	0.78	0.21	0.555	形状	四角	y	0.68	0.44	0.24	1.69
	金属と樹脂	W	1.32	1.26	0.74	0		ない	z	1.61	1.33	0.93	0
	樹脂・塗装含	X	0.89	0.44	0.05	0.182		組み合わせ率 =		49	70	71	100
胴体の凸部	大きい	a	0.16	0.16	0.16	0		コラムスコア閾値 =		1.65	1.19	0.67	0.81
(レンズを除く)	小さい	b	0.86	0.56	0.28	3.25		配分スコアの閾値 =		0.1	0.11	0.11	0.17
	ない	c	3.12	2.7	1.8	0		決定ルール条件部の数 =		628	286	121	86

コアになるものは，その属性値を考察から外しました．表4.6の中では「E」と「s」が該当します．このようにして，残りのイメージを表す言葉「高級感」「モダン」「女性的」についても分析を行いました．表4.6から，オリジナリティのあるイメージを持つ新しいデジタルカメラを開発するには「サイズがコンパクトかつ薄形で，コーナーRは小さく2方向で，片隅のレンズ位置で，胴体の凸部がなく，シボ処理を施された広い面のあるフラットな，かつレンズカバーやファインダーのないデザイン」を狙えばよいと推論できます．これは，調査時点で各社から売り出し始めたカード型のデジタルカメラのデザインと一致します．したがって，本提案の分析手法は現実を反映しているということができます．

次に，「オリジナリティ」がある (Y=2) 場合の組み合わせパターンを求めると図4.9の左側になります．なお，「オリジナリティ」がない (Y=1) 場合が高得点のコラムスコアの属性は除いてあります．これまでのラフ集合の研究から，人間が形などを認識するときの属性の数（決定ルール条件部の長さ）は約4つ以内といわれているので，それらを考察したのが図4.9の右側になります．属性の数が最も少ない組み合わせパターンは「広い面があり，ファインダー形状がない (fz)」と「レンズカバーがなく，胴体に凸部がない (mc)」です．これらはカー

決定ルール条件部の長さ	組み合わせパターン
1	U
2	fz
	mc
3	FMQ
	WQz
	NUm
4	zCWf
	vCQU
5	CNQvz
	NCMUc
6以上	MFNQUc
	cMNQUm
	UMNQcv
	QCFMUWcv

決定ルール条件部の長さが4つ以下

U	表面処理がシボ
fz	広い面があり，ファインダー形状がない
mc	レンズカバーがなく，胴体に凸部がない
FMQ	奥行きが薄く，コーナーRが小さく，レンズの位置が片隅
WQz	金属と樹脂の素材で，レンズの位置が片隅で，ファインダー形状がない
NUm	Rの方向が2方向，表面処理がシボで，レンズカバーがない

図4.9 組み合わせパターン（「オリジナリティ」がある場合）

ド型の特徴的な形態デザインを示しています。結論に大きく寄与するC.I.値の高い決定ルール条件部群から抽出した単一属性のコラムスコアの上記の考察結果は，オリジナリティのあるイメージを持つデジタルカメラの形態要素が総合化されたものになります。また，決定ルール条件部から合成された組み合わせパターンは個別の特徴的な形態要素の組を示しています。なお，組み合わせパターンは高得点のコラムスコアの属性で構成されています。たとえば，「オリジナリティ」の上位から20番目の決定ルール条件部の中で高得点のコラムスコア属性が占める割合は，92％と極めて高く，高得点のコラムスコア属性で構成されている組み合わせパターンは，上位の決定ルール条件部の情報が反映されていると考えます。なお，4つのイメージ語の平均点も81％と高得点でした。

　これらの考察結果がデザインするための推論を可能にし，実際にデザインするときの参考になります。しかし，実際に製品デザインを行う場合には，時間経過による要因変化の予測や新しい要因の予測，さらに新しいアイデアを加味するなどの対応が求められます。言い換えると，本分析によって得られた考察結果は製品開発の必要条件であって，十分条件がさらに求められます。やみくもに主観的に製品開発を行うよりも，より確実性の高い製品開発に貢献すると考えます。

　以上で，正準相関分析で態度とイメージの関係を求め，続いてラフ集合と提案した分析手法でイメージと形態要素の関係を求めることができました。ここで，この2つの分析結果をつなぎ合わせて，デジタルカメラの態度から形態要素を求めてみます。一例として，「新規性」を感じさせるデジタルカメラの形態要素を求めてみましょう。まず，「新規性」は，前述の正準相関分析の結果から「オリジナリティがあって，少し女性的なイメージ」を持たせればよいことになります。そこで，「オリジナリティ」と少し「女性的」なイメージを合わせ持ったデジタルカメラの形態要素は，先に求めたオリジナリティの形態要素に，女性的な形態要素を追加することで求めることができます。具体的に追加する形態要素は「ややコンパクト」「レンズのサイズが小さめ」「シャッター式レンズカバー」となります（オリジナリティの形態要素と重複するものは省略してあります）。なお，「レンズのサイズが小さめ」と「シャッター式レンズカバー」は，フィル

[第4章] 決定ルール分析法の提案

ムのカメラで女性に人気のあったコンパクトカメラの特徴を暗示しています。

　デジタルカメラ市場に女性層のユーザーが急激に増大してきており、その形態要素を取り入れた造形的処理が新しさを感じさせるというのも納得できる結果です。また、その他の態度に対する形態要素も同じように求めることができました。表4.7はラフ集合と決定ルール分析法によるイメージおよび態度（「新規性」のみ）と形態要素との関係を求めた分析結果の一覧です。「高級感」と「モダン」についても考察すると、「高級感」の特徴的な点は奥行きが厚く、レンズ位置が中央でサイズが大きくかつ前後にズームするなどは一眼レフ的なデジタルカメラを示しています。これは分析結果として理解できる内容です。また、「モ

表4.7　分析結果の一覧

			イメージ			態度
			オリジナリティ	高級感	モダン	女性的	新規性
サイズ	大きい	A					
	普通	B				○	
	コンパクト	C	○		○		
奥行き	厚い	D		○			
	普通	E					
	薄い	F	○			○	○
プロポーション	縦長	G					
	ほぼ正方形	H					
	横長	I					
	かなり横長	J			○		
コーナーR	大きい	K					
	普通	L			●		
	小さい	M	●			●	○
Rの方向性	2方向	N	●		●		●
	3方向	O					
レンズの位置	中央側	P			●		
	片隅	Q	●			○	○
表面処理の特徴	鏡面・光沢	R					
	ヘアライン	S					
	艶消し	T					
	シボ	U	●				●
素材	金属	V					
	金属と樹脂	W	○				
	樹脂・塗装含	X					
胴体の凸部（レンズを除く）	大きい	a					
	小さい	b					
	ない	c	●	○	●	○	

			イメージ			態度
			オリジナリティ	高級感	モダン	女性的	新規性
胴体に特徴的溝・凹	ある	d					
	ない	e					
広い面	ある	f	○	○	○	●	○
	ない	g					
レンズのサイズ	大きい	h					
	普通	i					
	小さい	j				●	
レンズカバー	スライド	k					
	シャッター	l				○	
	ない	m	○	○			○
レンズ部の可動	回転	n					
	前後にズーム	o	●				
	固定	p		○	○		
レンズ周りの装飾	ある	q					
	少し	r				●	
	ない	s			●		
グリップ	厚い	t					
	薄い・凸形状	u					
	装飾処理	v	○			○	○
	ない	w					
ファインダー形状	丸	x					
	四角	y		●			
	ない	z	○			○	○

得点　●＞○

ダン」の特徴的な点は，薄型コンパクトで，カード型のようにコーナーRは小さくなく，レンズ周りの装飾がなくファインダーもないなど，どちらかというと装飾を排したところは理解できます．これによって，イメージから形態要素を求める設計のための知識を得ることができます．

ところで，イメージを介さず態度の「新規性」と形態要素の関係をラフ集合と決定ルール分析法によって直接求めると，表4.7の態度欄に示す結果になりました．これと「オリジナリティ」と「女性的」を比較してもわかるように，大きく異なる結果にはなっていませんが，前述した「女性的」の特徴の属性が失われています．したがって，階層関係から分析したほうがきめ細かい考察が可能となることが示されています．

4.5 まとめ

ここではラフ集合の決定ルールを感性工学へ応用する方法について話しました．その優れている点として，ラフ集合の決定ルールを非線形式によって算出するため，人間の持つ感性を扱うことができるということ，そしてサンプル数に制限されずに形態要素の数を設定できることを確認しました．その反面，非常に多くの決定ルールが算出され，実際の設計に応用しづらいという課題がありました．これを解決するために，筆者らはコラムスコアの概念と「組み合わせ表」を使った分析方法を提案し，デジタルカメラの事例でその具体的な使いかたを説明しました．また，考察から理解できるように，この方法による分析結果が，デジタルカメラの現実を反映していることから，まだ改良の余地はありますが，感性工学への応用が有効であることもわかってもらえたと思います．

【参考文献】

[1] 森典彦, 高梨令：ラフ集合の概念による推論を用いた設計支援, 東京工芸大学紀要, pp.35–38 (1997)

[2] 井上勝雄, 広川美津雄：認知部位と評価用語の関係分析, 感性工学研究論文集, Vol.1, No.2, pp.13–20 (2000)

[3] 井上勝雄："多変量解析の使い方", 筑波出版会, pp.150–160 (2002)

解説

　本事例で紹介したラフ集合決定ルール分析法のプログラムを研究用に限って無償で配布します（問い合わせ先：info@hol-on.co.jp）。本プログラムはマイクロソフト社の代表的なアプリケーションのエクセルに搭載されているVBA (Visual Basic Applications) で作成されているので，誰でも使うことができます。さらに，このプログラムはエクセルが使えるどのようなバージョンのWindowsまたはマッキントッシュのパソコンでも動作します。

　使いかたは，まず「ラフ集合決定ルール分析法」のエクセルファイルをダブルクリックして開くと，「使用法」と「例題入力」「例題出力」「入力」「出力」の4つのワークシートが下段に表示されます。具体的な使いかたは「使用法」のワークシートに解説してあるので，まず最初に読んでください。次に「例題入力」と「例題出力」のワークシートを眺めると，さらに使いかたが理解できます。実際に計算をするには，図aに示す「入力」のワークシートに分析したい計算済みの決定ルール条件部とC.I.値をコピー・ペーストします。その後，「属性値の数」「決定ルール条件部の数」「属性リスト」を所定の位置にキーボードで入力します。これで準備完了です。

　計算のしかたは，まず，メニューバーの「ツール」から，「マクロ」を選択します。この操作を行うとダイアログボックスが表示されるので，プログラムリストの中の「ラフ集合決定ルール分析法」をクリックして，その後「実行」ボタンをクリックします。数秒して，「出力」のワークシート（図b）に計算結果が表示されます。以上の操作でコラムスコアなどが計算された組み合わせ表を求めることができます。

　なお，決定ルール条件部の数が100以上の場合は，図cに示すプログラムリストを表示させて，配列の数値を変更する必要があります。このプログラムリストを表示させるには，メニューバーの「ツール」から，「マクロ」を選択し，「Visual Basic Editor」を選びます。

　ところで，はじめてエクセルのVBAを使用するときは，セキュリティレベルを下げる必要があります。Excel 2002の場合は，メニューバーの「ツール」か

[第1部] 感性工学のためのラフ集合

ら「オプション」を選択すると,「オプション」のウインドウが表示されます。その中の「セキュリティ」のタグをクリックすると,下段に「マクロ　セキュリティ」のボタンがあります。「セキュリティ」のウインドウが表示されるので,セキュリティレベル「中レベル」をクリックします。その後,「OK」ボタンを押して,作業は終了します。

　なお,第1章で解説した情報表と決定表の縮約,および決定表の決定ルールを求められる上記で説明したエクセル版のソフトウェアも,株式会社ホロン・クリエイト社のホームページ (http://www.hol-on.com) から有償で入手できるようにすることを計画しています。

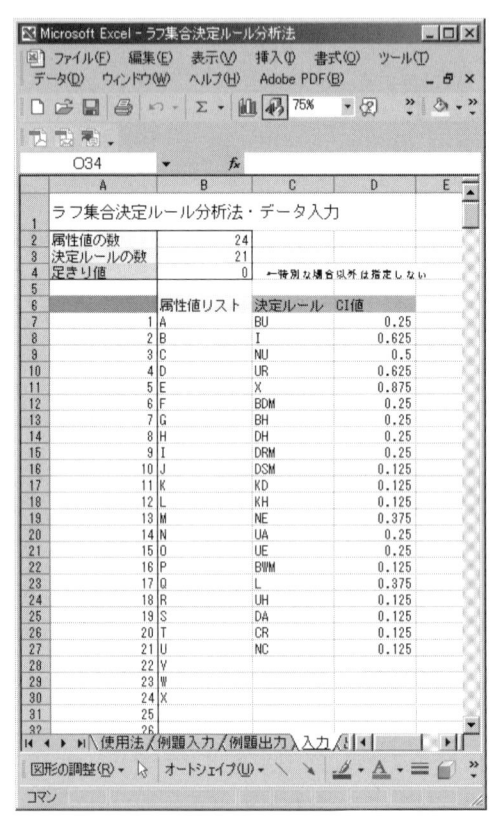

図a　入力画面

[第4章] 決定ルール分析法の提案　103

図b　出力画面

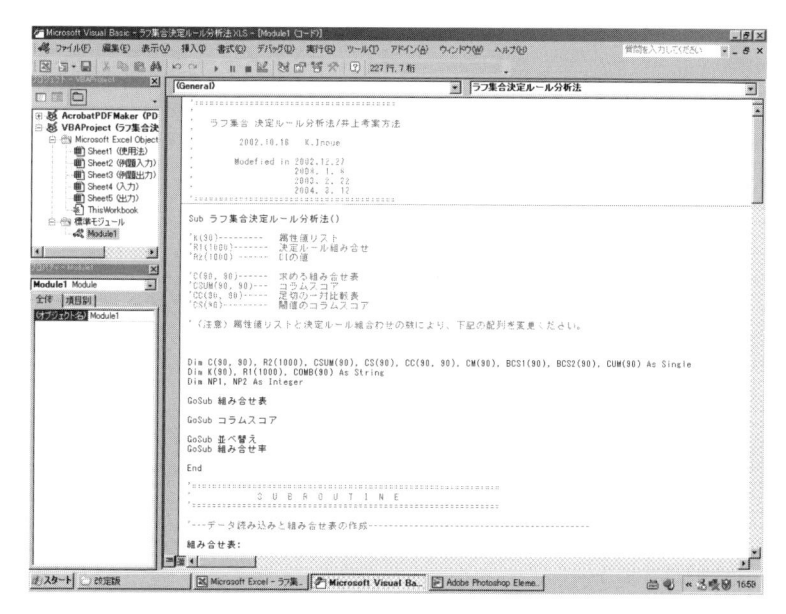

図c　決定ルール分析法のプログラムリスト (一部)

(**注**) 本章で紹介したラフ集合決定ルール分析法は応用研究を通じて改良されています。たとえば，他のイメージとの比較を容易にするためにコラムスコアを標準化しました。また，組み合わせパターンについても，その新しい活用方法を提案しています。詳しくは，下記の著者のサイトを参照してください。

　　　　井上勝雄 研究室 ホームページ （http://www.iris.dti.ne.jp/inouek/）

第**5**章

多人数ルール条件部
併合システムの応用例

5.1　はじめに

　商品企画やデザイン企画において,「原因」(製品の仕様や形態要素) と「結果」(評価や選好) との関係を知識として得ようという試みがよくなされます。その分析に使われる手法として, 因果関係を線形式で近似できる場合は重回帰分析や数量化理論I類などの線形回帰モデルがよく用いられますが, 設計やデザインに関する問題では因果関係が複雑なため線形式で近似できない場合もあります。そこで, 近年, 原因である最小限の属性項目における属性値をどのようにすれば, いかなる評価になるかを知ることができるラフ集合 (Pawlak, 1982) が注目を集めつつあります。具体的には, 企画者は目標とする評価を成立させるいくつかの製品の仕様や形態要素の組み合わせ (決定ルール条件部) をラフ集合を用いて導出し, 企画に用いようとする試みです。これにより目標とする評価の達成を保証し, 企画を効率よく行うことができます。ただし, 従来のラフ集合の応用は, ある個人のある評価に対する決定ルール条件部 (以下, ルール条件部) を個別に求めることにのみ応用されてきました。しかし, 実際の商品企画やデザイン企画にラフ集合を応用させるためには, 多人数間におけるある評価を

満たす共通のルール条件部を求めることが必要となります。この基本的な考えかたは，森によって提案されています[1]。

そこで，本章では森によって提案された考えかたを応用して，多人数間において共通のルール条件部を求める"多人数ルール条件部併合システム[2]"を提案するとともに，本システムをオーディオ機器の新製品開発における仕様や形態要素に対するユーザーの選好の特徴分析に応用した研究例を概説します[3]。ラフ集合の応用の分類でいえば，この章も推論を目的とするものです。

なお，ルール条件部の併合に関しては第1章の1.11.3項でも取り上げていますが，個人の評価を推論するときの信頼度を高めるためのものでした。この章で扱う併合は，1つの製品の中で属性値の組にルールを分担させるという基本的な考えかたは同じですが，多人数の多様な評価を目的とする点で異なっています。

5.2 ラフ集合と多人数ルール条件部併合アルゴリズム

消費財のデザイン企画においては，多人数のユーザー（被験者）を対象に企画を行わなければなりません。したがって，多人数の選好をできる限り満たす製品仕様や形態要素の属性とその属性値の決定が求められます。以後つごうにより，この章では属性のことをアイテム，属性値のことをカテゴリーと呼ぶことにします。また，ここでの多人数とは，1000人，2000人ではなく，その母集団をアンケート結果を用いてクラスター分析することにより，最大でも数十人規模のクラスターに分けたものを指すことにします。

まず，各被験者から結論を「好き」「嫌い」の2クラス，または「どちらでもない」を含む3クラスとしてデータを取得します。「好き」は選好ですが，「嫌い」をここでは非選好と呼ぶことにしています。そしてラフ集合により得られた選好に関するルール条件部（以下，選好ルール条件部）を求め，それらを多人数間で併合（and結合）するシステムの開発を行いました。本システムでは，各被験者から得られた選好ルール条件部を個人単位で併合していくのではなく，図5.1

［第5章］多人数ルール条件部併合システムの応用例　**107**

に示すように各被験者から得られた選好ルール条件部を多人数間において総当たりで併合することにより，多人数の選好を満たすルール条件部 (以下, 選好併合ルール条件部) を得ることができます。このとき，ある被験者の選好ルール条件部が他の被験者にとって非選好なルール条件部 (以下, 非選好ルール条件部) であったり，他の被験者との併合によって生まれた選好併合ルール条件部が，第1章の最後に注意として書いたことと同様の理由によって，自分あるいは他の被験者の非選好ルール条件部を含んでいる可能性もあります。このような場合，当然，選好併合ルール条件部は，非選好ルール条件部に当てはまる被験者の選好を満たしているとはいえません。

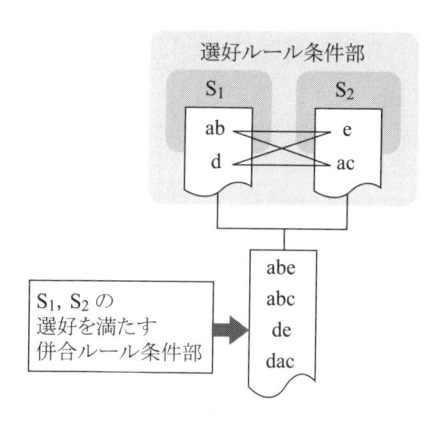

図5.1　ルール条件部の併合

また，ある選好併合ルール条件部が選好を満たす被験者数の被験者総数に対する割合をS.C.I. (Subject Covering Index) と定義しました。このS.C.I.の高い選好併合ルール条件部は，多くの被験者の選好を満たすと推論され，その選好併合ルール条件部は信頼性の高いものと考えることができます。

　上記のような問題をなぜ探索的に解かなければならないのでしょうか。それは，多人数併合ルール条件部による選好を満たし，非選好はできるだけ排除するという問題が，組み合わせ最適化問題の「最大クリーク問題」に帰結するからです。すなわち，最大クリーク問題のような組み合わせ最適解は，少数の多項式

[第1部] 感性工学のためのラフ集合

で解けることはなく（これをNP困難といいます），本アルゴリズムのような探索的方法によらなければならないのです[4]。

提案する本システムの詳細を，被験者S_1, S_2, S_3の3人と限定し，図5.2を用いて説明します。小文字のアルファベットはカテゴリーを表します。

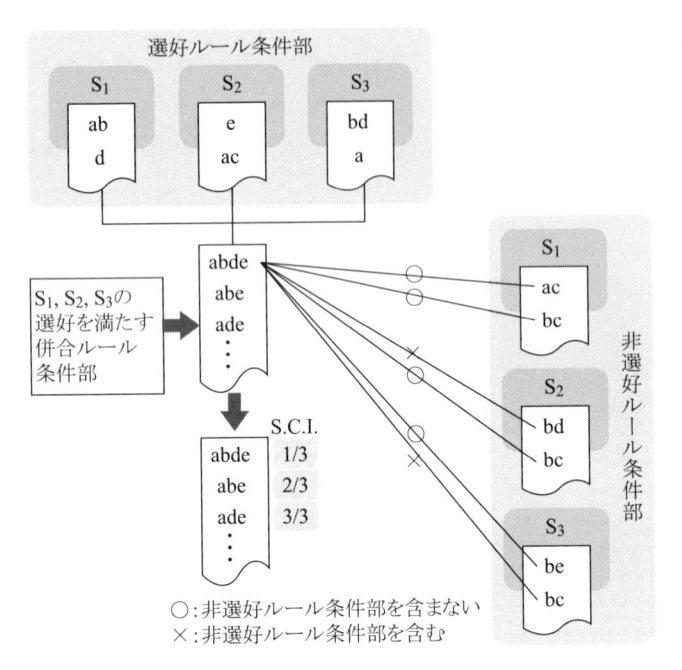

図5.2 多人数における併合の流れ

1. S_1, S_2, S_3の選好・非選好ルール条件部をそれぞれ求めます。
2. S_1, S_2の選好ルール条件部を総当たりで併合します。併合の際に，同じアイテムの異なるカテゴリーを同時に満たすことはできないので，そのような選好併合ルール条件部は除きます。
3. 得られた選好併合ルール条件部とS_3の選好ルール条件部を総当たりで併合します。ここで得られた選好併合ルール条件部はS_1, S_2, S_3の選好を満たすと思われる選好併合ルール条件部です。

[第5章] 多人数ルール条件部併合システムの応用例

4. 得られた選好併合ルール条件部とS_1, S_2, S_3の非選好ルール条件部との比較を行い, S.C.I.を算出します。

たとえば, 選好併合ルール条件部abdeは, S_1の非選好ルール条件部を含んでいないのでS_1の選好を満たします。しかし, S_2の非選好ルール条件部bd, S_3の非選好ルール条件部beを含んでいるので, S_2, S_3の選好を満たしません。よって, 選好併合ルール条件部abdeは, 3人中1人の選好を満たすため, S.C.I.は1/3となります。ここで, 本システムの問題点として, 各被験者の選好ルール条件部をすべて併合していくと, 膨大な量の選好併合ルール条件部が得られることが容易に推測されます。被験者数を n 人とした場合, 選好併合ルール条件部数は

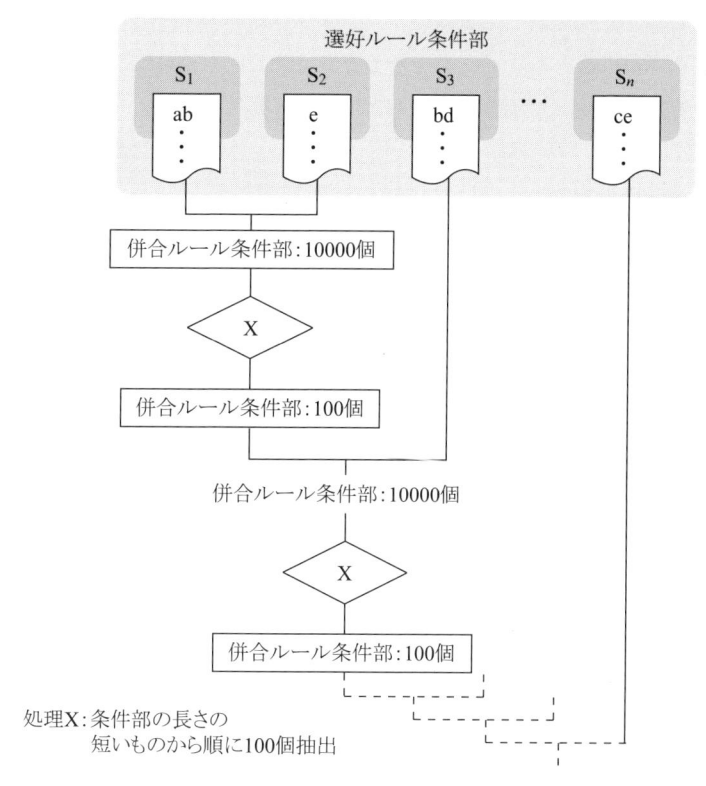

図5.3 ルール条件部数圧縮を取り入れた多人数ルール条件部併合システム

n 乗倍,すなわち指数関数的に増大することから,選好併合ルール条件部数の圧縮,厳選が必要となります.

そこで,選好併合ルール条件部数圧縮のアルゴリズムを考えます (図 5.3).被験者を $(S_1, S_2, \cdots, S_n)$ の n 人としたとき

1. 各被験者の選好ルール条件部を C.I. の高いものから順に 100 個ずつ抽出します.
2. S_1, S_2 の選好ルール条件部を総当たりで併合します.
3. 得られた選好併合ルール条件部中から,条件部の長さ (ルール条件部を構成するカテゴリー数) の短いものから順に 100 個抽出します.100 個としたのは,次節で述べる実験のサンプル数,カテゴリー数,ならびに計算速度を考慮し,その数が妥当であると考えたからであり,100 個という数は分析内容によって可変です.ただし,抽出数は 100 個よりも多くてもかまいませんが,コンピュータの使用メモリや計算時間が急激に多くなるので注意が必要です.
4. 抽出した 100 個の選好併合ルール条件部と S_3 の選好ルール条件部を総当たりで併合します.
5. 3~4 を被験者 S_n まで繰り返します.
6. 最終的に得られた選好併合ルール条件部の S.C.I. を求めます.

というものです.以上のアルゴリズムからなるシステムを多人数ルール条件部併合システムと呼ぶことにします.また,ここでは本システムを用いて,選好併合ルール条件部とは別に,非選好に関する併合ルール条件部 (非選好併合ルール条件部) についても求めました.

ここで,10000 個近くの選好併合ルール条件部から 100 個の選好併合ルール条件部を併合の度に選出することで,併合の順序によって,最終的に求まる選好併合ルール条件部の内容が異なってくるのではないかという疑問が生じます.この問題に関しては,5.4 節において改めて分析を行います.

5.3　ユーザーのオーディオ製品に関する選好調査

本節では，多人数ルール条件部併合システムをオーディオ製品の仕様や形態要素に対するユーザーの選好の特徴分析に応用した例について概説します．

5.3.1　オーディオ製品の機能・仕様に関する要素の分類

まず，大きくオーディオ製品の部位を「アンプ」「チューナー」「MDデッキ」「CD・CD-Rデッキ」「カセットデッキ」ならびに「その他の機能」の6つに分類しました．次に，各メーカーに共通する機能を選出し，その中から予備調査として16名の被験者に対して，オーディオ製品を使用，購入するに当たって必要と思う機能を上げてもらい，8名以上が必要と答えた機能を今回実験に用いるオーディオ製品の機能・仕様としました（表5.1）．

5.3.2　オーディオ製品に対する意識調査と選好調査

商品企画，デザイン企画を行う上で，さまざまな価値観を持つユーザーを1つの集団として捉えることは難しいものです．そこで，はじめに被験者を価値観の似たいくつかのクラスターに分類することを考えました．まず，被験者に対して，オーディオ製品を購入，使用する際にどのような考えかたや価値観を持って，購入，使用しているか意識調査を行いました．その際に用いたアンケートの内容を表5.2に示します．これらの質問項目について，被験者に「はい」「いいえ」で回答してもらいました．

次に，市販されているオーディオメーカー9社の製品47機種（表5.3）について，メーカー名，製品名を知らせず，外形，機能，実勢価格（図5.4）を見せ，オーディオ製品を購入する際の評価（結論）を「購入したいと思う（選好）」「どちらでもない」「購入したいと思わない（非選好）」の3段階で回答してもらいました．アンケート実施の概要を以下に示します．

- ●被験者：41人　●年齢層：18〜58歳　●男性：24人／女性：17人
- ●調査時期：2001年12月下旬〜2002年1月上旬

表5.1　カテゴリー一覧

部位	アイテム	カテゴリー	記号
価格	市場価格	0～30,000	A1
		30,001～40,000	A2
		40,001～50,000	A3
		50,001～100,000	A4
		100,001以上	A5
アンプ	実用最大出力	0～15+15W	B1
		16+16W～25+25W	B2
		26+26W以上	B3
	トーンコントロール	1～3段階	C1
		4段階以上	C2
		自由に可変	C3
		なし	C4
	音質調整	1～3段階	D1
		4段階以上	D2
		自由に可変	D3
		なし	D4
	サラウンド・重低音	サラウンドあり・重低音あり	E1
		サラウンドあり・重低音なし	E2
		サラウンドなし・重低音あり	E3
		サラウンドなし・重低音なし	E4
外部入出力	入出力端子数	入力1端子・出力1端子	F1
		入力2端子以上・出力2端子以上	F2
		入力2端子以上・出力1端子	F3
		入力1端子・出力端子なし	F4
	デジタル入出力端子	入力端子あり・出力端子あり	G1
		入力端子あり・出力端子なし	G2
		入力端子なし・出力端子あり	G3
		入力端子なし・出力端子なし	G4
	USB接続	USB接続可能	H1
		USB接続不可能	H2
	タイトルキーボード	あり	I1
		なし	I2
タイマー	タイマー	再生のみ	J1
		録音・再生・スリープ	J2
チューナー	オートチューニング	あり	K1
		なし	K2
MDデッキ	MDLP・モノラル長時間録音	MDLPあり・モノラル長時間録音あり	L1
		MDLPあり・モノラル長時間録音なし	L2
		MDLPなし・モノラル長時間録音あり	L3
		MDLPなし・モノラル長時間録音なし	L4
	MDグループ機能	あり	M1
		なし	M2
	CD→MD倍速録音	2倍速録音	N1
		4倍速録音	N2
		なし	N3
	シングルヒット録音	あり	O1
		なし	O2
	UNDO機能	あり	P1
		なし	P2
	MDチェンジャー・WMDデッキ	MDチェンジャーあり	Q1
		WMDデッキあり	Q2
		なし	Q3
CD・CD-Rデッキ	CD-RW再生	再生可能	R1
		再生不可能	R2
	CDチェンジャー	チェンジャー3枚以下	S1
		チェンジャー4枚以上	S2
		なし	S3
	CD TEXT表示	あり	T1
		なし	T2
	CD-Rデッキ	あり	U1
		なし	U2
	CD挿入法	トレイ型	V1
		スロットイン型	V2
		はめ込み型	V3
カセットデッキ	カセットデッキ	あり	W1
		なし	W2
デザイン・レイアウト	本体形状	正方形	X1
		横長長方形	X2
		縦長長方形	X3
		異形	X4
		組み合わせ	X5
	スピーカー形状	正方形	Y1
		長方形	Y2
		異形	Y3
	ウーハー	あり	Z1
		なし	Z2

[第5章] 多人数ルール条件部併合システムの応用例

表5.2　アンケート項目一覧

個人データ	外部機器との接続の意識
1. 性別 2. 職業 3. 年齢 4. オーディオに触れる頻度	19. パソコンを保有している 20. ビデオ，テレビゲームと接続している 21. ウォークマンを使用する 22. ホームシアターを作りたい，作っている
オーディオを購入する際，重点を置く項目	**機械全般に対する意識**
5. 価格を考慮して購入する 6. 機能，仕様を考慮して購入する 7. 出力を考慮して購入する 8. 形状（デザイン）を考慮して購入する 9. サイズを考慮して購入する 10. メーカーを考慮して購入する	23. 多機能な機械を使いこなす自信がある 24. 機械を扱うのが苦手である 25. オーディオは基本機能だけでよい
	オーディオを使用する環境，状況
音質に関する機能の意識	26. カーステレオでCDを使用する 27. カーステレオでMDを使用する
11. 音質調整機能を使用する 12. 重低音機能を使用する 13. 音質を気にする 14. クラシック，ジャズを聴く	28. 大きな音を出してもよい環境に住んでいる 29. 自分の部屋でオーディオを使用する 30. リビングなど大勢の集まる場所で 　　オーディオを使用する
メディアの使用状況	**オーディオのデザインに関する嗜好**
15. CDを使用する 16. MDを使用する 17. CDアルバムのレンタルをする 18. 最新シングルのレンタルをする	31. ポップなデザインが好き 32. クラシカルなデザインが好き 33. メカニカルなデザインが好き 34. シンプルなデザインが好き

表5.3　サンプル機種一覧

AIWA	DENON	KENWOOD	ONKYO	PANASONIC
XR-FD5	D-A03	SH-7CDR	INTEC TX7MD	HDA710
XR-FD1	D-M05	IT-2000	INTEC M7	PM37MD
XR-MD310	D-XW33	SH-5MD	X-A7	HD510MD
XR-MD250		SG-55MD		PM65MD
XR-HG5MD		VH-55MD		PM60MD
XR-X7		SJ-3MD		PM11
		VH-7MD		

PIONEER	SHARP	SONY	VICTOR
X-MDX737	SD-NX10	CMT-PX7	UX-F70MD
X-MDX535	SD-CX1	CMT-PX5	NX-MD1
X-RS77	SD-FX1	CMT-PX333	UX-V10
X-RS9R		CMT-J300	UX-A70MD
X-NS1		CMT-J100	MX-S77WMD
		CMT-C5	MX-S55MD
		JMD-77	FS-SD1000

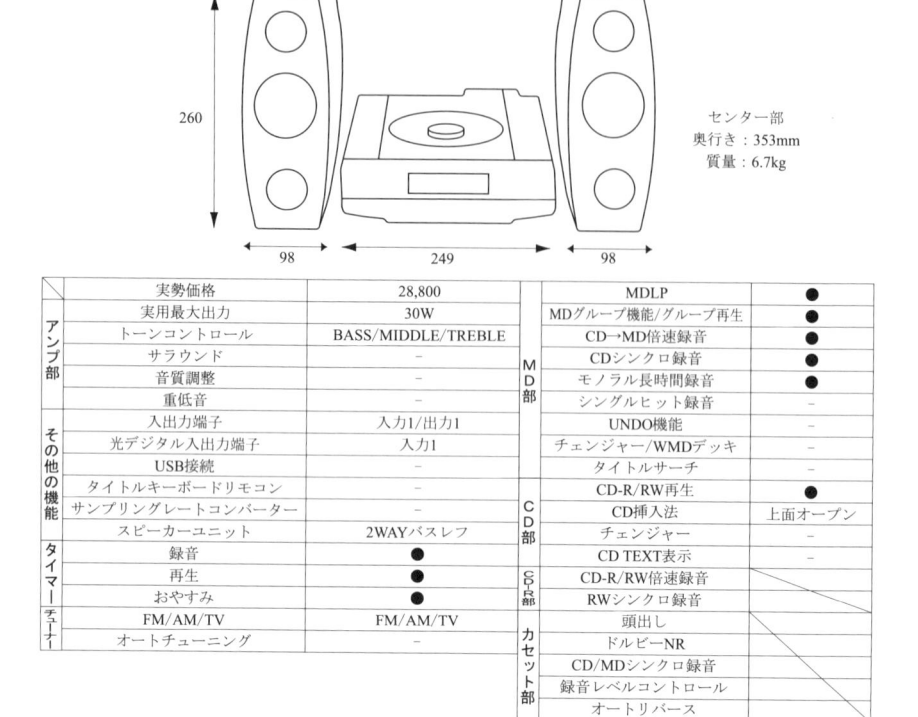

アンプ部	実勢価格	28,800		MD部	MDLP	●
	実用最大出力	30W			MDグループ機能/グループ再生	●
	トーンコントロール	BASS/MIDDLE/TREBLE			CD→MD倍速録音	●
	サラウンド	−			CDシンクロ録音	●
	音質調整	−			モノラル長時間録音	●
	重低音	−			シングルヒット録音	−
その他の機能	入出力端子	入力1/出力1			UNDO機能	−
	光デジタル入出力端子	入力1			チェンジャー/WMDデッキ	−
	USB接続	−			タイトルサーチ	−
	タイトルキーボードリモコン	−		CD部	CD-R/RW再生	●
	サンプリングレートコンバーター	−			CD挿入法	上面オープン
	スピーカーユニット	2WAYバスレフ			チェンジャー	−
タイマー	録音	●			CD TEXT表示	−
	再生	●		CD-R部	CD-R/RW倍速録音	
	おやすみ	●			RWシンクロ録音	
チューナー	FM/AM/TV	FM/AM/TV		カセット部	頭出し	
	オートチューニング	−			ドルビーNR	
					CD/MDシンクロ録音	
					録音レベルコントロール	
					オートリバース	

図 5.4　アンケートのサンプル例

5.3.3　意識調査結果と選好分析

　意識調査のアンケート結果を用いて，数量化理論III類による分析によって，アンケート項目の第1, 2軸における散布図を作成しました（図5.5）．その結果，第1軸は「機械に対する知識」を表す軸（相関係数：0.390）と解釈されました．また，第2軸に関してはオーディオ製品を購入する際，「外形を重視するか，機能を重視するか」を表す軸（相関係数：0.356）であると解釈できました．さらに，各被験者の第1軸，第2軸におけるサンプルスコアを基にクラスター分析を行うことにより，被験者を4つのクラスター，「機械に強くない女性 (5名)」「機械に

[第5章] 多人数ルール条件部併合システムの応用例　　115

強いユーザー (13名)」「ライトユーザー (13名)」ならびに「拡張性を重視するユーザー (10名)」に分類することができました (図5.6)。図5.5, 図5.6から各クラスターの特徴が表5.4に示すように解釈できました。

次に，オーディオ製品の選好に関するアンケート結果を基に，ラフ集合により各被験者別のルール条件部を算出しました。これらのルール条件部からクラスター別に多人数ルール条件部併合システムを用いて選好併合ルール条件部および非選好併合ルール条件部を算出し，クラスター毎の特徴を分析しました。これらの得られた選好併合ルール条件部, 非選好併合ルール条件部は非常に数が多いため，「機械に強くない女性」クラスター，「機械に強いユーザー」クラスターの併合結果の一部のみを示します (表5.5, 表5.6)。

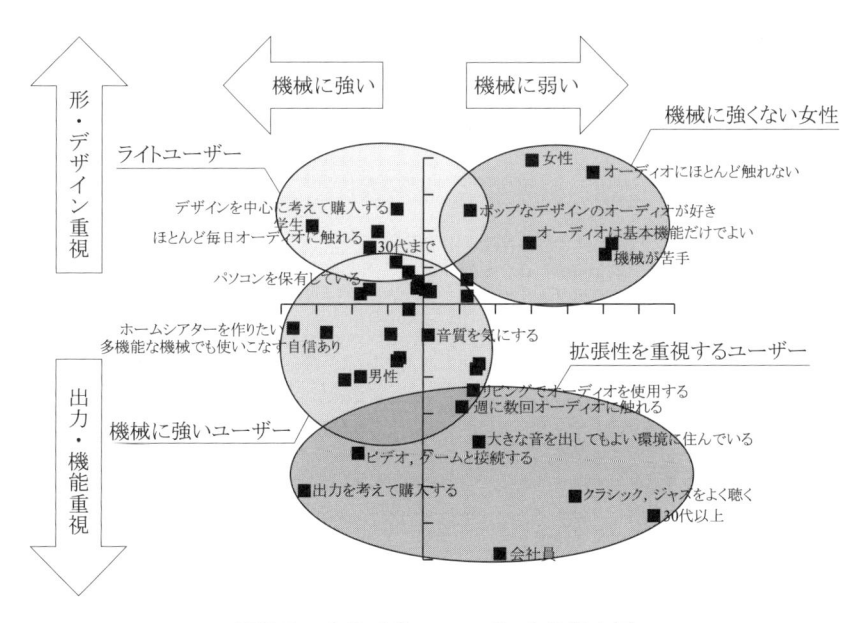

図5.5　カテゴリースコアによる散布図

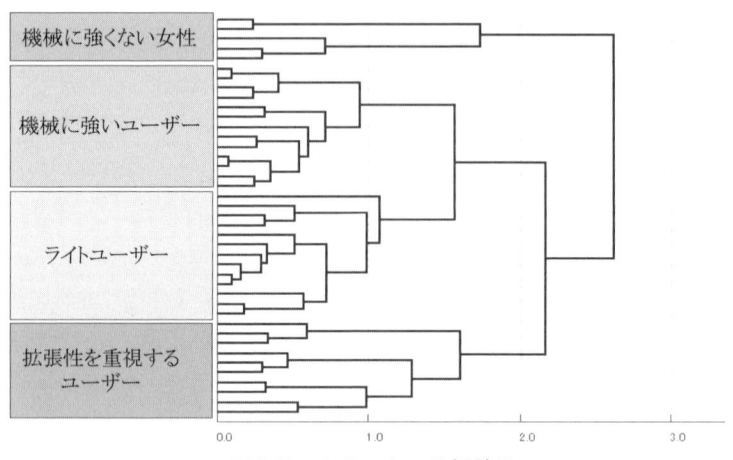

[第1部] 感性工学のためのラフ集合

図5.6 クラスター分析結果

（縦軸のクラスター名：機械に強くない女性／機械に強いユーザー／ライトユーザー／拡張性を重視するユーザー）

表5.4 クラスター分析の解釈結果

クラスター	関連の強い意識調査項目	クラスター解釈
機械に強くない女性クラスター	・女性 ・オーディオは基本機能だけでよい ・機械を扱うのが苦手 ・ポップなデザインのオーディオが好き ・価格を中心に考えて購入する	オーディオにさほど関心がなく、機械に対しても強くないため、機能に関してシンプルな機能を求める。
機械に強いユーザークラスター	・男性 ・学生 ・出力を中心に考えて購入する ・ほとんど毎日オーディオに触れる ・多機能な機械でも使う自信がある ・ホームシアターを作りたい	オーディオ，機械全般に関して関心があり，機能に関しても，高いものを要求する。またオーディオに触れる頻度が高い。
ライトユーザークラスター	・女性 ・30代まで ・ポップなデザインのオーディオが好き ・形状（デザイン）を中心に考えて購入する ・価格を中心に考えて購入する	オーディオはそれなりに使用するが，それほど高い機能は求めておらず，むしろ形状やデザインを購入する際に注目する。
拡張性を重視するユーザークラスター	・30代以上 ・クラシック，ジャズをよく聴く ・大きな音を出してもよい環境にいる ・週に数回オーディオに触れる ・ビデオ，ゲーム機との接続を考慮する ・リビングでオーディオを使用する	年齢層が比較的高く，大きな音を出してもよい環境に住んでおり，オーディオを他のAV機器と組み合わせて使用し，音質に注目する。

[第5章] 多人数ルール条件部併合システムの応用例　117

表5.5 機械に強くない女性クラスターにおける併合ルール条件部結果

多人数併合ルール条件部	S.C.I.	多人数併合ルール条件部	S.C.I.
B1 D2 G3 I1 R2 S3 Y2 Z1	1.000000	B1 E3 G3 I1 S3 X4 Y2 Z2	1.000000
B1 D2 G3 I1 J1 S3 X4 Y2	1.000000	B1 G3 I1 M2 S3 X4 Y2 Z2	1.000000
B1 G3 I1 J1 R2 S3 X4 Y2	1.000000	B1 G3 I1 S3 T1 Y2	0.800000
B1 D2 G3 I1 J1 R2 S3 Y2	1.000000	A1 C1 K3 N2 W1 X4 Z2	0.800000
A1 D2 I1 J3 N2 O2 W1 X4	1.000000	A1 B1 K3 N2 T1 W1 X1	0.800000
A1 I1 J3 N2 O2 R2 W1 X4	1.000000	A1 B1 D2 K3 N2 W1 X1	0.800000
D2 G3 I1 J3 N2 O2 W1 X4	1.000000	A1 B1 G3 I1 J3 S3 T1 Y2	0.800000
G3 I1 J3 N2 O2 R2 W1 X4	1.000000	A1 B1 G3 I1 S3 T1 Y2	0.800000
A1 D2 I1 J3 N2 S3 W1 X4	1.000000	A1 B1 G3 I1 J2 S3 T1 Y2	0.800000
A1 I1 J3 N2 R2 S3 W1 X4	1.000000	A1 B1 G3 I1 R2 S3 T1 Y2	0.800000
		B1 G3 I1 S3 T1 X3 Y2	0.800000

表5.6 機械に強いユーザークラスターにおける併合ルール条件部結果

多人数併合ルール条件部	S.C.I.	多人数併合ルール条件部	S.C.I.
B2 E3 F4 G4 L2 P1 Q2 S1 X1	0.615385	A3 B2 C1 E3 F4 G4 L2 S1 U1 X1	0.615385
B2 D4 E3 F4 G4 L2 Q2 S1 X1	0.615385	A3 B2 C1 E3 F4 G4 L2 N1 S1 U1	0.615385
A3 B2 E3 F4 G4 L2 Q2 S1 X1	0.615385	B2 E3 F4 G4 L2 P1 Q2 S1 U2 X1	0.615385
B2 E3 F4 G4 L2 P1 S1 U1 X1	0.615385	B2 E3 F4 G4 L2 P1 Q2 S1 W2 X1	0.615385
B2 D4 E3 F4 G4 L2 S1 U1 X1	0.615385	B2 D2 E3 F4 G4 L2 P1 Q2 S1 X1	0.615385
A3 B2 E3 F4 G4 L2 S1 U1 X1	0.615385	B2 E3 F4 G4 L2 P1 Q2 N1 S1 X1	0.615385
B2 C1 E3 F4 G4 L2 P1 Q2 S1 U2	0.615385	B2 E3 F4 G4 H1 L2 P1 Q2 S1 X1	0.615385
B2 C1 E3 F4 G4 L2 P1 Q2 S1 W2	0.615385	A3 B2 D2 E3 F4 G4 L2 Q2 S1 X1	0.615385
B2 C1 E3 F4 G4 L2 P1 Q2 S1 X1	0.615385	B2 E3 F4 G4 L2 P1 S1 U1 W2 X1	0.615385
B2 C1 E3 F4 G4 L2 N1 P1 Q2 S1	0.615385	B2 D2 E3 F4 G4 L2 P1 S1 U1 X1	0.615385
		B2 E3 F4 G4 L2 N1 P1 S1 U1 X1	0.615385

　表5.7は各クラスターにおけるS.C.I.が0.7以上，もしくはS.C.I.の最大値が0.7未満の場合，S.C.I.が上位2位の選好併合ルール条件部，および非選好併合ルール条件部に含まれるカテゴリーの割合を一覧にしたものです。ここで，S.C.I.が0.7以上の併合ルール条件部を用いたのは，すべての併合ルール条件部を用いると，併合ルール条件部数が膨大となるためです。また，S.C.I.の高い選好併合ルール条件部，非選好併合ルール条件部ほど，クラスターの特徴をよく表すと考えられるからです。

　ここで，出現割合とは，各クラスター別にS.C.I.が0.7以上，もしくはS.C.I.の最大値が0.7未満の場合，S.C.I.が上位2位の総併合ルール条件部数に対する

[第1部] 感性工学のためのラフ集合

表5.7(a)　クラスター別出現割合一覧

アイテム	カテゴリー	機械に強くない女性クラスター 選好		非選好		機械に強いクラスター 選好		非選好	
価格	0〜30,000	219/529	0.41						
	30,001〜40,000	30/529	0.06	11/998	0.01				
	40,001〜50,000	11/529	0.02	52/998	0.05	167/403	0.41		
	50,001〜100,000	47/529	0.09	26/998	0.03			110/336	0.33
	100,001以上								
最大出力	0〜15+15W	307/529	0.58	115/998	0.12			246/336	0.73
	16+16W〜25+25W			3/998	0.00	403/403	1.00		
	26+26W以上			490/998	0.49			76/336	0.23
トーンコントロール	1〜3段階	156/529	0.29	48/998	0.05	191/403	0.47		
	4段階以上								
	自由に可変			247/998	0.25			260/336	0.77
	なし	28/529	0.05	56/998	0.06	12/403	0.03	5/336	0.01
音質調整	1〜3段階					8/403	0.02		
	4段階以上	156/529	0.29			41/403	0.10	9/336	0.03
	自由に可変			194/998	0.19			33/336	0.10
	なし			44/998	0.04	132/403	0.33	3/336	0.01
サラウンド・重低音	サラウンドあり・重低音あり	71/529	0.13	11/998	0.01				
	サラウンドあり・重低音なし								
	サラウンドなし・重低音あり	22/529	0.04	55/998	0.06	403/403	1.00	34/336	0.10
	サラウンドなし・重低音なし			81/998	0.08			6/336	0.02
入出力端子	入力1端子・出力1端子			12/998	0.01			32/336	0.10
	入力2端子以上・出力2端子以上			72/998	0.07				
	入力2端子以上・出力1端子	14/529	0.03	136/998	0.14				
	入力1端子・出力2端子以上	64/529	0.12	6/998	0.01	403/403	1.00	246/336	0.73
デジタル入出力端子	入力端子あり・出力端子あり			351/998	0.35			271/336	0.81
	入力端子あり・出力端子なし	4/529	0.01	28/998	0.03				
	入力端子なし・出力端子あり	332/529	0.63						
	入力端子なし・出力端子なし	23/529	0.04	5/998	0.00	403/403	1.00		
USB接続	あり			8/998	0.01	69/403	0.17		
	なし			80/998	0.08			6/336	0.02
タイトルキーボード	あり	193/529	0.36						
	なし			6/998	0.01				
タイマー	再生のみ	13/529	0.02						
	録音・再生・スリープタイマー	155/529	0.29			11/403	0.03	20/336	0.06
オートチューニング		198/529	0.37	267/998	0.27	20/403	0.05	50/336	0.15
		3/529	0.01	296/998	0.30	62/403	0.15	4/336	0.01
MDLP・モノラル長時間録音	MDLPあり・モノラル長時間録音あり	1/529	0.00	17/998	0.02			336/336	1.00
	MDLPあり・モノラル長時間録音なし			31/998	0.03	403/403	1.00		
	MDLPなし・モノラル長時間録音あり			80/998	0.08				
	MDLPなし・モノラル長時間録音なし	39/529	0.07						
MDグループ再生				52/998	0.05			39/336	0.12
		8/529	0.02			51/403	0.13	5/336	0.01
CD→MD倍速録音	CD→MD 2倍速録音	16/529	0.03	19/998	0.02	34/403	0.08	17/336	0.05
	CD→MD 4倍速録音	370/529	0.70					129/336	0.38
	CD→MD倍速録音なし			146/998	0.15			39/336	0.12
シングルヒット録音	あり			52/998	0.05	34/403	0.08		
	なし	16/529	0.03	2/998	0.00			31/336	0.09
UNDO機能	あり			29/998	0.03	186/403	0.46		
	なし	22/529	0.04	21/998	0.02	11/403	0.03	78/336	0.23
MDチェンジャー	MDチェンジャーあり					14/403	0.03		
	WMDデッキあり					162/403	0.40		
	MDチェンジャーなし			1/998	0.00	3/403	0.01		
CD-RW再生	あり			52/998	0.05	6/403	0.01	18/336	0.05
	なし	110/529	0.21			34/403	0.08	43/336	0.13
CDチェンジャー	3枚以下	94/529	0.18	50/998	0.05	403/403	1.00		
	4枚以上								
	なし	169/529	0.32	70/998	0.07			324/336	0.96
CD TEXT表示	あり	131/529	0.25	17/998	0.02				
	なし	10/529	0.02	118/998	0.12	33/403	0.08	140/336	0.42
CD-Rデッキ	あり					135/403	0.33		
	なし					53/403	0.13	68/336	0.20
CD挿入法	トレイ型	37/529	0.07	185/998	0.19			10/336	0.03
	スロットイン型	9/529	0.02						
	はめ込み型	20/529	0.04					105/336	0.31
カセットデッキ	あり	381/529	0.72	18/998	0.02	156/403	0.39	5/336	0.01
	なし			251/998	0.25	42/403	0.10	26/336	0.08
本体形状	正方形	62/529	0.12	2/998	0.00	252/403	0.63	117/336	0.35
	横型長方形			11/998	0.01				
	縦型長方形	11/529	0.02	4/998	0.00			5/336	0.01
	異形	314/529	0.59			4/403	0.01		
	組み合わせ			743/998	0.74			109/336	0.32
スピーカー形状	正方形								
	長方形	163/529	0.31	50/998	0.05			90/336	0.27
	異形	61/529	0.12	151/998	0.15			15/336	0.04
ウーハー	あり	13/529	0.02						
	なし	57/529	0.11					17/336	0.05

凡例　機械に強くない女性クラスター／選好
　　　アイテム・カテゴリー／価格・0〜30,000

このカテゴリーを含む併合ルール条件部数
219/529　0.41 ← 出現割合
クラスターにおけるS.C.Iが0.7以上の総併合ルール条件部数

表5.7(b) クラスター別出現割合一覧

アイテム	カテゴリー	ライトユーザークラスター 選好		ライトユーザークラスター 非選好		拡張性を重視するクラスター 選好		拡張性を重視するクラスター 非選好	
価格	0〜30,000			11/808	0.01				
	30,001〜40,000	437/528	0.83	89/808	0.11	546/904	0.60	6/965	0.01
	40,001〜50,000	91/528	0.17	30/808	0.04	64/904	0.07		
	50,001〜100,000			394/808	0.49	12/904	0.01	6/965	0.01
	100,000以上								
最大出力	0〜15+15W	528/528	1.00	301/808	0.37			69/965	0.07
	16+16W〜25+25W			2/808	0.00	128/904	0.14		
	26+26W以上			129/808	0.16	2/904	0.00	6/965	0.01
トーンコントロール	1〜3段階	136/528	0.26			249/904	0.28		
	4段階以上								
	自由に可変			31/808	0.04	21/904	0.02		
	なし	46/528	0.09	136/808	0.17	22/904	0.02	570/965	0.59
音質調整	1〜3段階								
	4段階以上	4/528	0.01	84/808	0.10	1/904	0.00	149/965	0.15
	自由に可変	2/528	0.00	54/808	0.07	196/904	0.22	16/965	0.02
	なし	479/528	0.91			8/904	0.01	116/965	0.12
サラウンド・重低音	サラウンドあり・重低音あり	43/528	0.08					38/965	0.04
	サラウンドあり・重低音なし	6/528	0.01						
	サラウンドなし・重低音あり	10/528	0.02	104/808	0.13	52/904	0.06	277/965	0.29
	サラウンドなし・重低音なし	33/528	0.06			8/904	0.01	202/965	0.21
入出力端子	入力1端子・出力1端子			18/808	0.02	6/904	0.01	475/965	0.49
	入力2端子以上・出力1端子以上	18/528	0.03			35/904	0.04	20/965	0.02
	入力2端子以上・出力1端子	70/528	0.13						
	入力1端子・出力2端子以上	26/528	0.05	19/808	0.02	186/904	0.21	2/965	0.00
デジタル入出力端子	入力端子あり・出力端子あり			583/808	0.72	57/904	0.06	38/965	0.04
	入力端子あり・出力端子なし	528/528	1.00	99/808	0.12	115/904	0.13		
	入力端子なし・出力端子あり							648/965	0.67
	入力端子なし・出力端子なし			9/808	0.01			7/965	0.01
USB接続	あり	46/528	0.09			273/904	0.30		
	なし	10/528	0.02			7/904	0.01	17/965	0.02
タイトルキーボード	あり								
	なし	16/528	0.03	23/808	0.03	8/904	0.01	114/965	0.12
タイマー	再生のみ								
	録音・再生・スリープタイマー			16/808	0.02	3/904	0.00	85/965	0.09
オートチューニング	あり	11/528	0.02			62/904	0.07	23/965	0.02
	なし	501/528	0.95	798/808	0.99	81/904	0.09	629/965	0.65
MDLP・モノラル長時間録音	MDLPあり・モノラル長時間録音あり	102/528	0.19	704/808	0.87	272/904	0.30	126/965	0.13
	MDLPあり・モノラル長時間録音なし	88/528	0.17					28/965	0.03
	MDLPなし・モノラル長時間録音あり			7/808	0.01	14/904	0.02	12/965	0.01
	MDLPなし・モノラル長時間録音なし					62/904	0.07	326/965	0.34
MDグループ再生	あり	212/528	0.40	32/808	0.04	696/904	0.77		
	なし			188/808	0.23	8/904	0.01	20/965	0.02
CD→MD倍速録音	CD→MD 2倍速録音	31/528	0.06	95/808	0.12	24/904	0.03	365/965	0.38
	CD→MD 4倍速録音	99/528	0.19			84/904	0.09		
	CD→MD倍速録音なし			125/808	0.15	19/904	0.02	195/965	0.20
シングルヒット録音	あり	40/528	0.08	36/808	0.04	904/904	1.00	20/965	0.02
	なし	77/528	0.15	75/808	0.09			68/965	0.07
UNDO機能	あり			1/808	0.00	727/904	0.80		
	なし			93/808	0.12			132/965	0.14
MDチェンジャー	MDチェンジャーあり	437/528	0.83						
	WMDデッキなし								
	MDチェンジャーなし	6/528	0.01	52/808	0.06	18/904	0.02	131/965	0.14
CD-RW再生	あり	132/528	0.25			1/904	0.00		
	なし			172/808	0.21	61/904	0.07	77/965	0.08
CDチェンジャー	3枚以下	318/528	0.60			101/904	0.11		
	4枚以上								
	なし			766/808	0.95	18/904	0.02	149/965	0.15
CD TEXT表示	あり	91/528	0.17	128/808	0.16	405/904	0.45	138/965	0.14
	なし			27/808	0.03	22/904	0.02	7/965	0.01
CD-Rデッキ	あり					162/904	0.18		
	なし	11/528	0.02	18/808	0.02	14/904	0.02	360/965	0.37
CD挿入法	トレイ型	222/528	0.42	39/808	0.05	42/904	0.05		
	スロットイン型					108/904	0.12		
	はめ込み型			35/808	0.04			122/965	0.13
カセットデッキ	あり	398/528	0.75	23/808	0.03	828/904	0.92	12/965	0.01
	なし			87/808	0.11			116/965	0.12
本体形状	正方形	79/528	0.15			87/904	0.10		
	横型長方形	1/528	0.00			87/904	0.10		
	縦型長方形	57/528	0.11	11/808	0.01	208/904	0.23		
	異形								
	組み合わせ			340/808	0.42			965/965	1.00
スピーカー形状	正方形								
	長方形			88/808	0.11	22/904	0.02		
	異形			44/808	0.05			965/965	1.00
ウーハー	あり								
	なし			216/808	0.27			137/965	0.14

それぞれのカテゴリーが現れた割合を示し，下式で表されます．

$$出現割合 = \frac{カテゴリーが含まれる併合ルール条件部数}{S.C.I.が0.7以上の総併合ルール条件部数}$$

出現割合が高いカテゴリーは，併合ルール条件部を形成する中心となっていると考えられます．言い換えると，出現割合が高いカテゴリーは，そのクラスターの価値観に強い関連があると考えられます．ここで，類似研究である広川らの研究[5]あるいは本書の第4章では，各カテゴリーの結論への影響度を，カテゴリーを含むルール条件部のC.I.の総和あるいは条件部の長さの逆数で重み付けしたC.I.の総和で表し，それを「コラムスコア」と定義しています．これは，カテゴリー1つ1つの選好に対する影響を調べているという点で，基本的に本研究と同様の考えかたに基づいています．

5.3.4　各クラスターにおける選好併合ルール条件部，非選好併合ルール条件部と購入，非購入の関係考察

本項では，各クラスターから得られた選好併合ルール条件部と，非選好併合ルール条件部に含まれる出現割合の高いカテゴリーの特徴を調べることによって，各クラスターの特徴を分析し，被験者の購入意識（選好・非選好）にどのように関係しているかを考察します．各クラスターにおいて，出現割合が0.2以上のカテゴリーとそれらから解釈できる特徴を示します（表5.8〜表5.11）．

以上の結果を図5.5，表5.4と比較すると，出現割合の高いカテゴリーが各クラスターの特徴をよく表していることが推察されます．また，すべてのクラスターにおいて，「カセットデッキあり」のカテゴリーの出現割合が高く，オーディオ製品を購入する際，カセットデッキが装備されているものが未だに好まれる傾向にあることもうかがわれました．

[第5章] 多人数ルール条件部併合システムの応用例

表5.8 機械に強くない女性クラスター注目項目

アイテム	選好		非選好	
	カテゴリー	出現割合	カテゴリー	出現割合
価格	0〜30,000円	0.41		
最大出力	0〜15+15W	0.58	26+26W以上	0.49
トーンコントロール	1〜3段階	0.29		
音質調整	4段階以上	0.29	自由に可変	0.25
サラウンド・重低音				
入出力端子				
デジタル入出力端子	入力端子なし・出力端子あり	0.63	入力端子あり・出力端子あり	0.35
USB接続				
タイトルキーボード	タイトルキーボードあり	0.36		
タイマー	録音・再生・スリープ	0.29		
オートチューニング	オートチューニングあり	0.37	オートチューニングなし	0.30
MDLP・モノラル長時間録音				
MDグループ機能				
CD→MD4倍速録音	CD→MD 4倍速録音	0.70		
シングルヒット録音				
UNDO機能				
MDチェンジャー				
CD-RW再生	CD-RW再生なし	0.21		
CDチェンジャー	CDチェンジャーなし	0.32		
CD TEXT表示	CD TEXT表示あり	0.25		
CD-Rデッキ				
CD挿入方法				
カセットデッキ	カセットデッキあり	0.72	カセットデッキなし	0.25
本体形状	異形	0.59	組み合わせ	0.74
スピーカー形状	長方形	0.31		
ウーハー				

<特徴>
■選好併合ルール条件部におけるカテゴリー
「価格」が低価格、「最大出力」が低出力、「CD→MD 4倍速録音」、「CDチェンジャーなし」、「本体形状」が異形
■非選好併合ルール条件部におけるカテゴリー
「最大出力」が高出力、「本体形状」が組み合わせ

表5.9 機械に強いユーザークラスター注目項目

アイテム	選好		非選好	
	カテゴリー	出現割合	カテゴリー	出現割合
価格	40,000〜50,000円	0.41	50,000〜100,000円	0.33
最大出力	16+16W〜25+25W	1.00	0〜15+15W	0.73
トーンコントロール	1〜3段階	0.47	自由に可変	0.77
音質調整	音質調整なし	0.33		
サラウンド・重低音	サラウンドなし・重低音なし	1.00		
入出力端子	入力1端子・出力端子なし	1.00	入力1端子・出力端子なし	0.73
デジタル入出力端子	入力端子なし・出力端子あり	1.00	入力端子あり・出力端子あり	0.81
USB接続				
タイトルキーボード				
タイマー				
オートチューニング				
MDLP・モノラル長時間録音	MDLPあり・モノラル長時間録音なし	1.00	MDLPあり・モノラル長時間録音あり	1.00
MDグループ機能				
CD→MD倍速録音			CD→MD 4倍速録音	0.38
シングルヒット録音				
UNDO機能	UNDO機能あり	0.46	UNDO機能なし	0.28
MDチェンジャー	WMDデッキあり	0.40		
CD-RW再生				
CDチェンジャー	CDチェンジャー3枚以下	1.00	CDチェンジャーなし	0.96
CD TEXT表示			CD TEXT表示なし	0.42
CD-Rデッキ	CD-Rデッキあり	0.33	CD-Rデッキなし	0.20
CD挿入方法			はめ込み型	0.31
カセットデッキ	カセットデッキあり	0.39		
本体形状	正方形	0.63	正方形	0.35
スピーカー形状			長方形	0.27
ウーハー				

<特徴>
■選好併合ルール条件部におけるカテゴリー
「価格」が比較的高価格、「最大出力」が中程度の出力、「MDLPあり」、「UNDO機能あり」、「WMDデッキあり」、「CDチェンジャー3枚以下」、「CD-Rデッキあり」
■非選好併合ルール条件部におけるカテゴリー
「最大出力」が低出力、「CDチェンジャーなし」

[第1部] 感性工学のためのラフ集合

表5.10 ライトユーザークラスター注目項目

アイテム	選好		非選好	
	カテゴリー	出現割合	カテゴリー	出現割合
価格	30,000～40,000円	0.83	50,000～100,000円	0.49
最大出力	0～15+15W	1.00	0～15+15W	0.37
トーンコントロール	1～3段階	0.26		
音質調整				
サラウンド・重低音				
入出力端子				
デジタル入出力端子	入力端子あり・出力端子なし	0.91	入力端子あり・出力端子あり	0.72
USB接続				
タイトルキーボード				
タイマー				
オートチューニング	オートチューニングなし	0.95	オートチューニングなし	0.99
MDLP・モノラル長時間録音			MDLPあり・モノラル長時間録音あり	0.87
MDグループ機能	MDグループ再生あり	0.40	MDグループ再生あり	0.23
CD→MD倍速録音				
シングルヒット録音				
UNDO機能				
MDチェンジャー	MDチェンジャーあり	0.83		
CD-RW再生	CD-RW再生あり	0.25	CD-RW再生なし	0.21
CDチェンジャー	CDチェンジャー3枚以下	0.60	CDチェンジャーなし	0.95
CD TEXT表示				
CD-Rデッキ				
CD挿入方法	トレイ型	0.42		
カセットデッキ	カセットデッキあり	0.75		
本体形状			組み合わせ	0.42
スピーカー形状				
ウーハー			ウーハーなし	0.27

＜特徴＞
■選好併合ルール条件部におけるカテゴリー
「価格」が比較的低価格,「最大出力」が低出力,「MDグループ再生あり」,「MDチェンジャーあり」,「CDチェンジャー3枚以下」
■非選好併合ルール条件部におけるカテゴリー
「価格」が高価格,「CDチェンジャーなし」

表5.11 拡張性を重視するユーザークラスター注目項目

アイテム	選好		非選好	
	カテゴリー	出現割合	カテゴリー	出現割合
価格	30,000～40,000円	0.60		
最大出力				
トーンコントロール	1～3段階	0.28	トーンコントロールなし	0.59
音質調整	自由に可変	0.22		
サラウンド・重低音			サラウンドなし・重低音あり	0.29
入出力端子	入力1端子・出力なし	0.21	入力1端子・出力1端子	0.49
デジタル入出力端子			入力端子なし・出力端子あり	0.57
USB接続	USB接続あり	0.30		
タイトルキーボード				
タイマー				
オートチューニング			オートチューニングなし	0.65
MDLP・モノラル長時間録音	MDLPあり・モノラル長時間録音あり	0.30	MDLPなし・モノラル長時間録音なし	0.34
MDグループ機能	MDグループ再生あり	0.77		
CD→MD倍速録音			CD→MD 2倍速録音	0.38
シングルヒット録音	シングルヒット録音あり	1.00		
UNDO機能	UNDO機能あり	0.80		
MDチェンジャー				
CD-RW再生				
CDチェンジャー				
CD TEXT表示	CD TEXT表示あり	0.45		
CD-Rデッキ			CD-Rデッキなし	0.37
CD挿入方法				
カセットデッキ	カセットデッキあり	0.92		
本体形状	縦長長方形	0.23	組み合わせ	1.00
スピーカー形状			異形	1.00
ウーハー				

＜特徴＞
■選好併合ルール条件部におけるカテゴリー
「価格」が比較的低価格,「USB接続あり」,「MDグループ再生あり」,「シングルヒット録音あり」,「CD TEXT表示あり」
■非選好併合ルール条件部におけるカテゴリー
「トーンコントロールなし」,「スピーカー形状」が異形

5.4 併合方法の違いによる併合ルール条件部の算出とその比較

5.4.1 新たな併合方法

前節で述べたように，本システムでは 10000 個近くの併合ルール条件部から 100 個の併合ルール条件部を併合の度に選出することで，併合の順序によって最終的に求まる併合ルール条件部が異なってくるのではないかという疑問が生じました．そこで，本節では，併合する順番による影響を調べるために，前節と異なる 2 つの併合方法を提案します．従来の併合方法を「併合方法 T_0」，新しい併合方法を「併合方法 T_1」「併合方法 T_2」とします．

(1) 併合方法 T_1

1 つ目の併合方法について被験者を $S_1, S_2, \cdots, S_8$ の 8 人と限定し，図 5.7 を用いて説明します．

1. S_1 と S_2, S_3 と S_4, S_5 と S_6, S_7 と S_8 のように被験者 2 人で 1 つの組を作り，各組で併合ルール条件部を求めます．
2. 各組で得られた併合ルール条件部について，条件部の長さの短いものから順に 100 個ずつ抽出します．
3. 得られた併合ルール条件部の集合 2 つで 1 つの組を作り，各組で併合ルール条件部を求めます．
4. 2〜3 を併合ルール条件部の集合が 1 つになるまで繰り返します．
5. 得られた併合ルール条件部と $S_1, S_2, \cdots, S_8$ の非選好ルール条件部との比較を行い，S.C.I. を算出します．

また，被験者数が奇数の場合，2 で割った際の余りの被験者の処理を考えなければなりません．その場合，図 5.8 に示すように S_1 から順に 2 人の組を作り，最後に余った被験者は次の段階で S_1, S_2 の併合結果と併合させることにします．

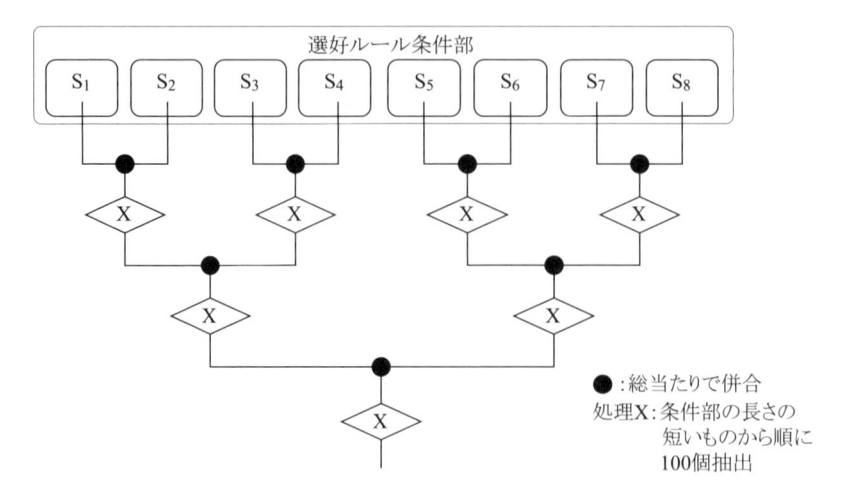

[第1部] 感性工学のためのラフ集合

図5.7 併合方法 T_1 (余りなし)

● : 総当たりで併合
処理X : 条件部の長さの
　　　短いものから順に
　　　100個抽出

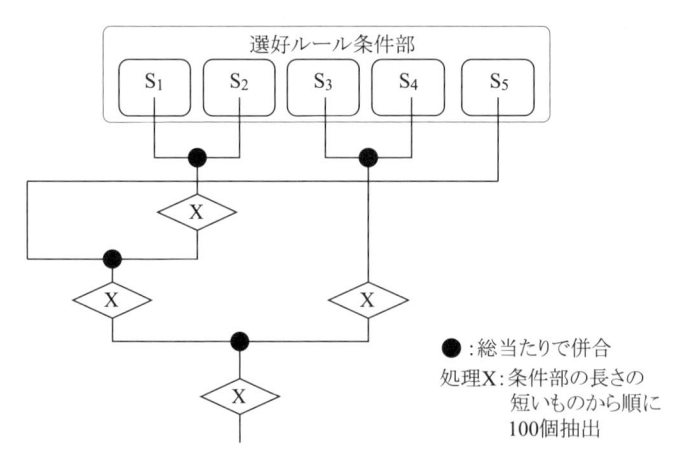

図5.8 併合方法 T_1 (余り1)

(2) 併合方法 T_2

2つ目の併合方法について被験者を $S_1, S_2, \cdots, S_9$ の9人と限定し、図5.9を用いて説明します。

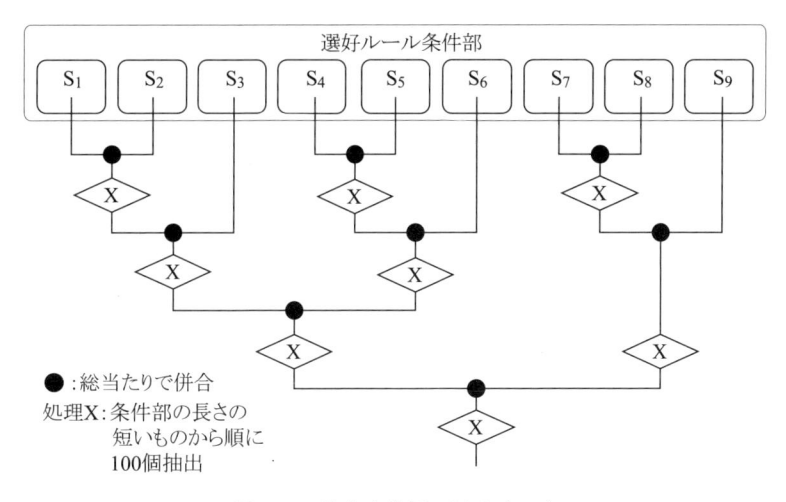

[第5章] 多人数ルール条件部併合システムの応用例　**125**

図 5.9　併合方法 T_2（余りなし）

1. S_1 と S_2 と S_3, S_4 と S_5 と S_6, S_7 と S_8 と S_9 のように被験者3人で1つの組を作り，各組で併合ルール条件部を求めます．
2. 各組で得られた併合ルール条件部について条件部の長さの短いものから順に100個ずつ抽出します．
3. 得られた併合ルール条件部の集合3つで1つの組を作り，各組で併合ルール条件部を求めます．
4. 2～3を併合ルール条件部の集まりが1つになるまで繰り返します．
5. 得られた併合ルール条件部と S_1, S_2, $\cdots$, S_9 の非選好ルール条件部との比較を行い，S.C.I. を算出します．

また，被験者数を3で割った余りが1の場合，図5.10に示すように，S_1 から順に3人の組を作り，最後に余った被験者は次の段階で S_1, S_2, S_3 の併合結果と併合させます．さらに，被験者数を3で割った余りが2の場合，図5.11に示すように，S_1 から順に3人の組を作り，最後に余った被験者2人で併合を行います．こ

の2人の被験者による併合結果を次の段階でS_1, S_2, S_3の併合結果と併合させます。

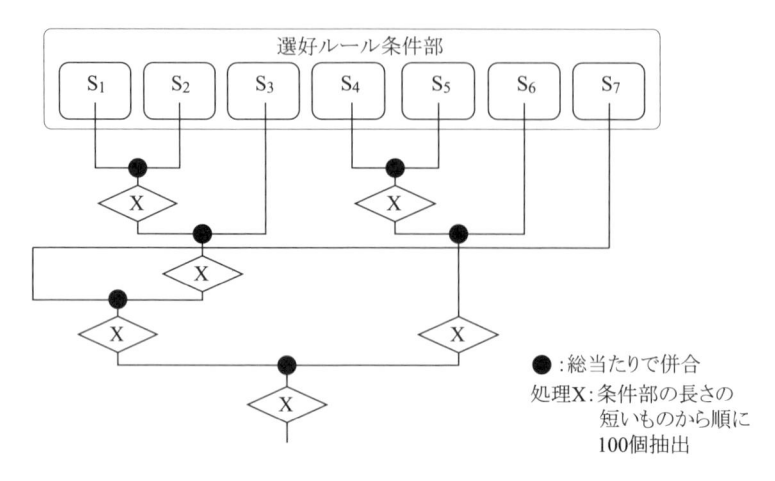

図5.10 併合方法T_2（余り1）

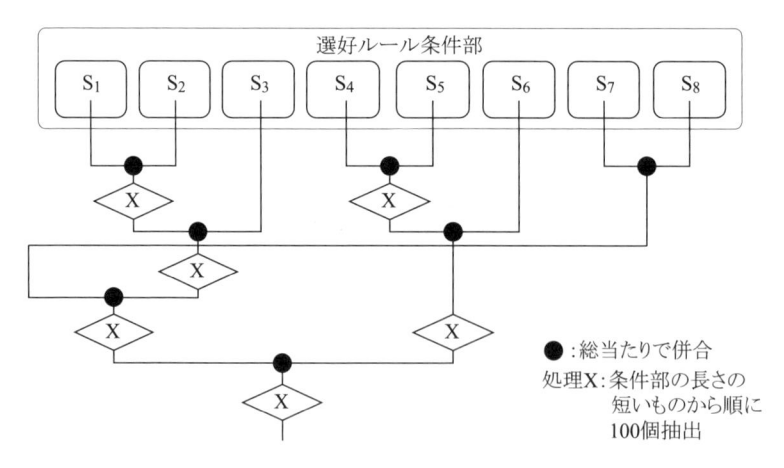

図5.11 併合方法T_2（余り2）

5.4.2　3種の併合方法による併合ルール条件部算出とその比較

本項では前述の3種類の併合方法により，実際にデータを用いて併合する順番による影響を調べました．前述の4つのクラスターにおける併合ルール条件部の算出を行い，それらの比較を行いました．

1. 各併合方法により各クラスターの併合ルール条件部を求めます．
2. 各クラスターについて，あるカテゴリーが全併合ルール条件部に含まれる割合を各併合方法について算出します．
3. 算出された割合が20％以上のカテゴリーについて，2つの併合方法で同じカテゴリーが抽出される割合 (20％一致率) を算出します (表5.12)．
4. また，2で算出された割合の上位10個のカテゴリーについての一致率 (上位10個一致率) を同様に算出します (表5.13)．

その結果，クラスター別の平均を見てみると，20％一致率の結果については，他のクラスターと比べて，クラスターDが高い一致率を示しています．これは，クラスターDが他のクラスターよりも人数が少なく，選好基準にずれが少ない

表5.12　20％一致率

	クラスターA (13人)	クラスターB (13人)	クラスターC (10人)	クラスターD (5人)	平均
T_0–T_1間	42.9％	54.5％	58.3％	69.2％	51.9％
T_0–T_2間	63.2％	54.5％	40.0％	76.9％	52.6％
T_1–T_2間	61.9％	57.1％	60.0％	61.5％	59.7％
平均	56.0％	55.4％	52.8％	69.2％	58.3％

表5.13　上位10個一致率

	クラスターA (13人)	クラスターB (13人)	クラスターC (10人)	クラスターD (5人)	平均
T_0–T_1間	40.0％	40.0％	70.0％	60.0％	50.0％
T_0–T_2間	50.0％	50.0％	60.0％	90.0％	53.3％
T_1–T_2間	60.0％	50.0％	70.0％	70.0％	60.0％
平均	50.0％	46.7％	66.7％	73.3％	59.2％

ためであると考えられます。次に,上位10個一致率の結果について見てみると,全体的に20％一致率と同様の傾向があります。次に,併合方法別の平均を見てみると,20％一致率と上位10個一致率で,同じような結果が得られました。さらに,20％一致率と上位10個一致率の結果で分散分析を行ったところ,どちらも有意差は得られませんでした。このことから,3つの併合方法間で同じ程度の相違があると考えられます。また,一致率の全体平均が6割弱程度であるため,各併合方法による併合ルール条件部の違いは無視できないものであると考えられます。

5.5 まとめ

以上述べた本提案に関する研究では,次のような成果を得ることができました。

1. ラフ集合システムを応用し,多人数ルール条件部併合システムを開発することにより,極めて短時間に多人数併合ルール条件部を求めることができるようになりました。
2. 意識調査を通して,ユーザーを4つのクラスターに分類することができました。また,多人数併合ルール条件部やその出現割合は,各クラスターの特色をよく表していることが確かめられました。これにより多人数ルール条件部併合システムが,オーディオ製品の商品企画,デザイン企画を行う際に,各ターゲットユーザーの選好を確実に満たすための最低限含めるべき機能や仕様を推論することに応用できる可能性を示すことができました。
3. 従来の併合方法による併合ルール条件部と新しい併合方法による併合ルール条件部を比較することで,併合方法による結果の差がある程度存在することが明らかになりました。

次に,今後の課題としては,以下のようなものが考えられます。

1. 多人数併合ルール条件部を求める際に,今回はラフ集合システムから得られるルール条件部をC.I.の高いものから上位100個までとしましたが,安

定して最適な解を得るため,最低限何個のルール条件部をラフ集合システムから用いればよいか,研究する必要があります。

2. 多人数ルール条件部併合システムにおいて,ルール条件部総数の厳選,圧縮を考えて,一度の併合から得られた併合ルール条件部のうち条件部の長さの短いものから上位100個を次の併合に用いましたが,最適な解を得るためには最低限何個の併合ルール条件部を用いればよいかを考える必要があります。

3. ラフ集合は本来カテゴリーの組み合わせが重要であり,カテゴリーの組み合わせの一致率を算出することで,さらに詳しく併合方法による結果の差を考察できると考えられます[6]。また,併合方法については,前述の3種類の他にもさまざまな方法が考えられます。よって,今後もさまざまな併合方法による実験を行う必要があると考えられます。

【参考文献】

[1] 森典彦:ラフ集合と感性工学,日本ファジィ学会誌,Vol.13, No.6, pp.600–607 (2002)

[2] 井上拓也,原田利宣,森典彦,榎本雄介:自動車フロントマスクデザイン分析・企画へのラフ集合の応用,デザイン学研究,Vol.49, No.3, pp.11–18 (2002)

[3] 榎本雄介,原田利宣,井上拓也:多人数併合縮約システムを用いたオーディオ製品の選好分析,デザイン学研究,Vol.49, No.5, pp.11–20 (2003)

[4] 久保幹夫ほか:"組み合わせ最適化",朝倉書店,pp.133–142 (1999)

[5] 広川美津雄,井上勝雄:デザイン評価用語と形態要素の関係分析,第17回ファジィシステム講演論文集,pp.635–638 (2001)

[6] 井藤孝一,榎本雄介,原田利宣:多人数間における併合順序の併合ルール条件部への影響,第19回ファジィシステム講演論文集,pp.529–532 (2003)

第6章

グレードつきラフ集合

6.1 はじめに

　前章まで述べられた例を見てもわかるように，通常はラフ集合理論を適用するためには，データはカテゴリカルでなければなりません。しかし「形の大きさ」とか「イメージの華やかさ」というような属性を考えると，これらは「大きい」から「小さい」に至る連続的な量，あるいは「非常に華やか」から「まったく華やかでない」に至る連続的な程度を持っています。そのためカテゴリーで表すためには(カテゴリーを3個として)「大きい–中くらい–小さい」「非常に華やか–やや華やか–まったく華やかでない」というように連続しているものを無理に区切ってカテゴリー化するしかありません。そうしてできたカテゴリーは，大きさの順とか華やかさの順といった順序を持つわけです。このように連続したものを区切ったために，カテゴリーに順序関係のある属性のとき，観測値のカテゴリーへの帰属がはっきりしない場合がしばしばあります。たとえば上記の例で，あるサンプルの形の大きさを観測したとき，「大きい」とするか「中くらい」とするかはっきりしなかったり，イメージを「華やか」と「やや華やか」のどちらにしたらいいか迷ったりすることはよくあることです。感性にかかわ

るデータの場合にとくに多いことです。このようなとき，どちらのカテゴリーにするか，ちょっとした判断の違いによって得られるルール (知識) が変わってしまうのは不合理です。

カテゴリーの代わりに属性への帰属をグレードで表し，ある程度 (閾値) 以下の差異は識別不能とすれば，上記のような「カテゴリーの境目」でルールが変わることを防ぐことができます。このように，観測値がグレードを持って属性に帰属するようなデータにも適用できるようにラフ集合理論を拡張することは，今後の自然な要求であるように思われます。

ここでは最初の試みとして，原因のほうのみがグレードを持つデータであって，結果のほうは通常のラフ集合と同様にカテゴリカルなデータ (以下，離散データといいます) であるとして，ラフ集合理論の決定ルール条件部を導出する方法を試案として示します。それによってこの方法が知識獲得のために有用であることを明らかにすることが目的です。また獲得しようとする知識はできるだけ整理された実用的な知識であるように決定ルール条件部を導出するものとします[1]~[8]。

6.2　概念，定義，データ

グレードは確率ではありません。グレードはある観測値がある属性に帰属する度合いを感覚的に言い表したものですから，ファジィ集合における台集合のある点のメンバシップ値と同義です。図6.1にメンバシップ値の例を示します。この例では観測値mのメンバシップ値は0.5, nのメンバシップ値は1.0となります。

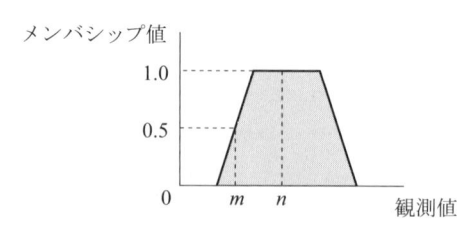

図 6.1　観測値とメンバシップ値の関係

グレードを p で表すと
$$p = [0, 1]$$
となります。$[0,1]$ は，0から1までの区間値をとることを示しています。また属性Aにおけるグレード p は，ファジィ集合の表現では p/A ですが，ここでは簡便のため単に
$$pA$$
で表します。このように属性とそのグレードを併記したものをグレードつきデータにおける属性値といいます。目的の対象を U_o，他の対象を U_e，対象の属性Aに対するグレードをそれぞれ p_o, p_e，閾値を α $(0 < \alpha < 1)$ としたとき，グレード p_o とグレード p_e の差異 a_{oe} を

$$a_{oe} = p_o A \sim p_e A = (p_o \sim p_e)/p_o A \quad (p_o \sim p_e) \geq \alpha \text{ のとき}$$
$$a_{oe} = \phi \text{ (空集合)} \quad\quad\quad\quad\quad\quad\quad\quad (p_o \sim p_e) < \alpha \text{ のとき}$$

と定義します。

ここで $p_o \sim p_e = s$ と書いて $(p_o \sim p_e)/p_o A = s/p_o A$, $(s = [0, 1])$ の持つ意味について考えてみます。グレードの大小は順序関係ですから，「以上」「以下」

「p_o 以上のAは少なくとも度合い s で p_e Aと識別できる」

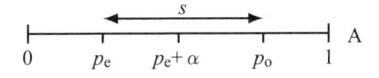

「p_o 以下のAは少なくとも度合い s で p_e Aと識別できる」

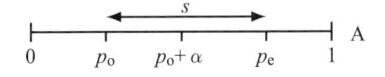

「p_o Aと p_e Aは識別できない」

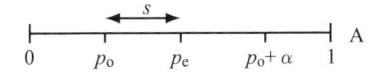

図 **6.2** $s/p_o A$ の持つ意味

のように区間をもって表すことができます。したがって $s \geq \alpha$ のとき, $p_{\mathrm{o}} > p_{\mathrm{e}} + \alpha$ ならば $s/p_{\mathrm{o}}\mathrm{A}$ は「p_{o} 以上の A は少なくとも度合い s で $p_{\mathrm{e}}\mathrm{A}$ と識別できる」ことを表し, $p_{\mathrm{o}} + \alpha < p_{\mathrm{e}}$ ならば $s/p_{\mathrm{o}}\mathrm{A}$ は「p_{o} 以下の A は少なくとも度合い s で $p_{\mathrm{e}}\mathrm{A}$ と識別できる」ことを表します。また $s < \alpha$ のときは「$p_{\mathrm{o}}\mathrm{A}$ と $p_{\mathrm{e}}\mathrm{A}$ は識別できない」ことを表しています。図解すると図6.2のようになります。

表6.1は通常の離散データの決定表、表6.1を加工表6.3によってグレードつきの決定表に加工したのが表6.2です。加工表6.3はカテゴリーをグレードつき属性値で表現したときに対応する値を区間値の形で示しています。たとえば通常の離散データでのカテゴリーA1はグレードつき属性値では0.5Aから1.0Aに対応しています。

以下，決定ルール条件部導出までの論述においては、表6.1からの決定ルール条件部導出と表6.2からの決定ルール条件部導出を併記し、離散データの場合とグレードつきデータの場合とを比較しながら後者の性格をはっきりさせていきます。

表6.1および表6.2において A, B, C, D, E は原因としての属性であり、U は対象を表し、Y は結果としての属性です。具体的な世界への投影としては、たとえば U はクルマとして

> A：個性的な形のヘッドランプ
> B：台形度の強いシルエット
> C：大きくて目立つタイヤ
> D：低い車高
> E：派手なボディカラー
> Y=1：スポーティ
> Y=2：スポーティでない

です。

逆に現実世界の観測データからグレードつきデータへの変換のしかたについて触れます。

原因としての対象の属性がたとえば「全体の形の丸さ」であって

表 6.1　通常の離散データの決定表

対象	属性					分類
	A	B	C	D	E	
U_1	A1	B1	C1	D1	E1	Y=1
U_2	A2	B1	C1	D2	E1	Y=2
U_3	A1	B1	C2	D2	E2	Y=2
U_4	A1	B2	C2	D1	E2	Y=2
U_5	A1	B2	C1	D1	E1	Y=1

表 6.2　グレードつきデータの決定表

対象	属性					分類
	A	B	C	D	E	
U_1	0.7A	0.8B	0.6C	0.9D	1.0E	Y=1
U_2	0.3A	0.8B	0.7C	0.2D	1.0E	Y=2
U_3	0.6A	0.8B	0.2C	0.2D	0.0E	Y=2
U_4	0.7A	0.4B	0.2C	0.7D	0.0E	Y=2
U_5	0.7A	0.3B	0.9C	0.5D	0.5E	Y=1

表 6.3　加工のための対比表

表6.1	→	表6.2
A1	→	[0.5, 1]A
A2	→	[0, 0.4]A
B1	→	[0.5, 1]B
B2	→	[0, 0.4]B
C1	→	[0.5, 1]C
C2	→	[0, 0.4]C
D1	→	[0.5, 1]D
D2	→	[0, 0.4]D
E1	→	[0.5, 1]E
E2	→	[0, 0.4]E

非常に丸い/やや丸い/中くらい/やや角張っている/非常に角張っているの5個のカテゴリーに分けられるとして，それぞれに

$$0.9/0.7/0.5/0.3/0.1$$

のグレードが割り当てられるとすれば，「全体の形の丸さ」はグレードを間隔尺度とみなした1つのグレードつき属性値で表せます．

しかし属性が「色の鮮やかさ」であって

鮮やかな色/渋い色

の2つのカテゴリーがあるとしたとき，1つのグレードつき属性値で表すことはできないかもしれません．深みのあるブルーを見たとき，[鮮やかな色] のグレード0.9，[渋い色] のグレード0.5というように，グレードを足しても1にならない2つの属性値で表したい場合があるからです．

6.3　決定行列

つぎにデータから決定行列を結果としてのYごとに作ります．離散データの場合の決定行列に相当するものです．

まず離散データの決定表6.1からの決定行列を表6.4として示しておきます．

表6.4　離散データの決定行列

Y=1			
U	2	3	4
1	A1 D1 E1	C1 D1 E1	B1 C1 E1
5	A1 B2 D1	B2 C1 D1 E1	C1 E1

Y=2		
U	1	5
2	A2 D2	A2 B1 D2
3	C2 D2 E2	B1 C2 D2 E2
4	B2 C2 E2	C2 E2

グレードつきデータにおける決定行列の作りかたを述べます．Y=1 の決定行列は，Y=1 に該当するUを行に，該当しないUを列に置き，行のUと列のUをデータで比較したとき，たとえば属性Aに閾値以上の差異があったとき，行のUにおける属性Aのグレード値から列のUにおける属性Aのグレード値を引き，正負を区別したものを行列の要素として記入します．それは，正の値ならば行の属性Aのグレード値が「そのグレード値以上」を意味し，負の値ならば「そのグレード値以下」を意味するとみなすことによって，決定ルール条件部を区間で求めるという目的を達するためです．

ここでは便宜上，その属性をたとえばAとすると，引き算が正ならば大文字でAと書き，負ならば小文字でaと書くことにします。このようにして決定表6.2に対するY=1の決定行列は，閾値αを0.3としたとき，表6.5のように得られます。要素はグレードの差分であり，差異の度合いを表します。

表6.5 グレードつき決定行列 (α=0.3, Y=1)

	Y=1		
U	2	3	4
1	0.4/0.7A		
			0.4/0.8B
		0.4/0.6C	0.4/0.6C
		0.7/0.9D	0.7/0.9D
		1.0/1.0E	1.0/1.0E
5	0.4/0.7A		
	0.5/0.3b	0.5/0.3b	
		0.7/0.9C	0.7/0.9C
	0.3/0.5D	0.3/0.5D	
	0.5/0.5e	0.5/0.5E	0.5/0.5E

グレードつきの場合は離散データの場合と違って，決定行列の要素がUの属性値の上に立つ差分であることに注意します。たとえばY=1における1行1列の0.4/0.7Aというのは，U_1のAが0.7A以上 (0.7Aを含む) であればU_2のAに対して少なくとも0.4の差分を持つこと，また7行1列の0.5/0.3bというのはU_5のBが0.3B以下 (0.3Bを含む) であればU_2のBに対して少なくとも0.5の差分を持つことを意味します。閾値を考慮しなければ，たとえばU_1とU_2の属性Cにおいては0.1の差異があるので0.1/0.6cという要素が入ります。しかし，ここでは閾値を0.3としたので0.6Cと0.7Cは識別不能となり，表6.5に0.1/0.6cという要素は入らないことになります。

表6.3の対応表において，すべての[0.5, 1]を1に，すべての[0, 0.4]を0にとれば，表6.5は表6.4に帰着します。したがってグレードつき決定行列は離散データの場合の決定行列を特別な場合として含んでいるので，グレードつきラフ集合は通常のラフ集合を拡張したものといえます。

6.4 決定ルール条件部の導出と知識表現

ラフ集合理論における下近似の決定ルール条件部とは，与えられたデータの中で目的とする結果が他から識別されるための，原因としての属性に関する極小の十分条件です。設計支援などを目的とする知識獲得においては，データを最大限に活用したいので，知識は少なくともそのデータの範囲内では確実なもの，つまり必然性のあるものとしたいわけです。このことから知識獲得の方法としては，可能性を与える決定ルール条件部すなわち上近似の決定ルール条件部ではなく，必然性を与える決定ルール条件部すなわち下近似の決定ルール条件部を求めることにします。

下近似の決定ルール条件部は，決定行列において各列につき行間をor結合したものを列間でand結合し，ブール演算することによって求められます。以下では下近似の決定ルール条件部を単に決定ルール条件部といいます。

第1章で述べたように，ブール演算則は，or結合を+，and結合を×で表せば

$$A + A = A, \; A \times A = A, \; A \times (A + B) = A, \; A + A \times B = A$$

です。

まず離散データの決定行列表6.4の Y=1 にブール演算則を実行すると

$$(A1 + D1)(C1 + D1 + E1)(B1 + C1 + E1)$$
$$+ (A1 + B2 + D1)(B2 + C1 + D1 + E1)(C1 + E1)$$
$$= A1C1 + A1E1 + D1B1 + D1C1 + D1E1 + B2C1 + B2E1$$

となって，7個の決定ルール条件部が得られます。なお，×を省略して書きました。

つぎにグレードつきデータにおける決定行列の要素に対するブール演算を考えます。

決定行列の要素，すなわち属性値の差異の度合いに関する2項演算は論理演算であり，+は∨(大きいほうをとる)，×は∧(小さいほうをとる) であることに注意します。目的のクラス (ここでは Y=1) に属するU (ここではU_1またはU_5) を$U_\circ$で表すと，同じ$U_\circ$内での演算は

属性 A のグレードを p
属性 B のグレードを r
差異の度合いを s および t

とすると

$$s/pA + t/pA = (s \vee t)/pA \tag{6.1}$$

$$s/pA \times t/pA = (s \wedge t)/pA \tag{6.2}$$

$$s/pA \times t/rB = (s \wedge t)/pA \cdot rB \tag{6.3}$$

$$s/pA + t/pA \cdot rB = s/pA \quad (s \geq t \text{ のとき}) \tag{6.4}$$

となります。式 (6.4) を詳しく説明すると, $s \geq t$ のときは式 (6.1) より $s/pA + t/pA = (s \vee t)/pA = s/pA$ となるので, 離散データのブール演算の $A + AB = A$ を拡張すると

$$s/pA + t/pA \cdot rB = s/pA + t/pA + t/pA \cdot rB = s/pA + t/pA = s/pA$$

となります。

　異なる U_o 間をまたがっての演算はできません。なぜなら差異をもたらす元の U のグレードが違い, 差分同士の演算は意味がないからです。離散データの場合は差分に相当するのはカテゴリーの異同であり, U にかかわらず判断できましたが, グレードつきの場合は区別しなくてはいけません。しかし, つぎの場合に限って異なる U 間での演算ができて統合した表現をすることができることに注意します。

　ここで一般に U_o に U_{o1} と U_{o2} があるとき, U_{o1} と U_{o2} の決定ルール条件部において, U_{o1} の決定ルール条件部が持つ属性が, U_{o2} の決定ルール条件部にすべて含まれている場合を仮定して, U_{o1} の決定ルール条件部を

$$p_1 A_1 \cdot p_2 A_2 \cdots p_{n1} a_1 \cdot p_{n2} a_2 \cdots = pA$$

と表し, また U_{o2} の決定ルール条件部を

$$q_1 A_1 \cdot q_2 A_2 \cdots q_{n1} a_1 \cdot q_{n2} a_2 \cdots r_1 B_1 \cdot r_2 B_2 \cdots r_{n1} b_1 \cdot r_{n2} b_2 \cdots = qA \cdot rB$$

と表します。U_{o1} と U_{o2} の決定ルール条件部の属性が完全に一致している場合は，U_{o2} の決定ルール条件部は qA のみとなりますが，ここでは一般性を持たせて $qA \cdot rB$ とします。このときに

$$s \geq t \text{ かつ } p_1 \leq q_1, p_2 \leq q_2, \cdots, p_{n1} \geq q_{n1}, p_{n2} \geq q_{n2} \cdots$$

が成り立つ場合に限って

$$s/pA + t/qA = s/pA \tag{6.5}$$

$$s/pA + t/qA \cdot rB = s/pA \tag{6.6}$$

という統合した表現をすることができます。異なる U_o 間での積算はありません。

式(6.5), (6.6)を図解すると図6.3のようになります。

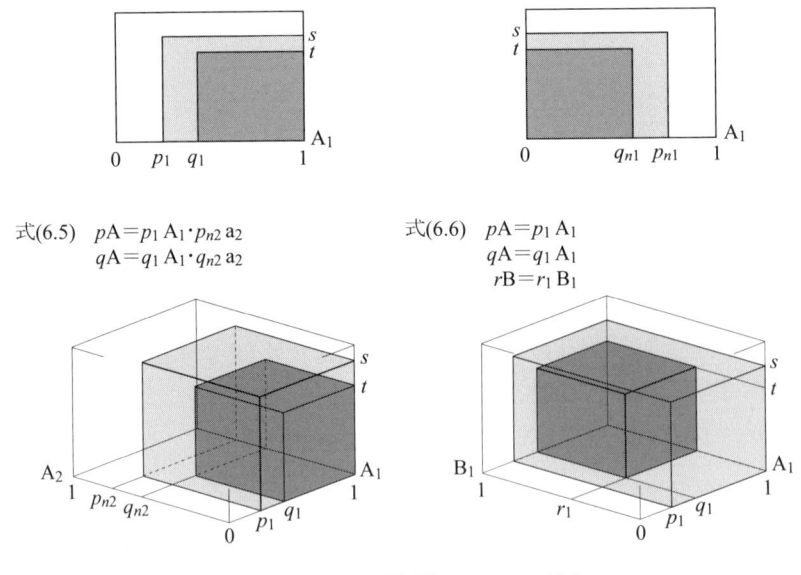

図 **6.3** 異なる U_o 間でのルール統合

グレードつきデータの決定行列表6.5のY=1のU_1に式(6.1)～(6.4)のブール演算則を実行すると次のようになります。

まず決定行列から

$$(0.4/0.7A + 0.7/0.9D)(0.4/0.6C + 0.7/0.9D + 1.0/1.0E)$$
$$(0.4/0.8B + 0.4/0.6C + 1.0/1.0E)$$

という3因数からなる式が導き出されます。

以下，同じU_1内では同じ属性が異なるグレードを持つことはありえないので，グレードを省略して，0.4/0.7Aを単に0.4Aと表記して計算を進めます。

まず第1，第2因数の積をand結合の演算則で計算すると6項が得られます。

$$(0.4A + 0.7D)(0.4C + 0.7D + 1.0E)$$
$$= 0.4AC + 0.4AD + 0.4AE + 0.4DC + 0.7D + 0.7DE$$

次にこの6項を縦に並べてor結合の演算則で整理します。過程は以下のようになります。

```
0.4AC
0.4AD ─┐
0.4AE  │  0.7D ─┐
0.4DC  │        │  0.7D ─┐
0.7D  ─┘        │        │
0.7DE ──────────┘        │ 0.7D
                         ┘
```

残った項は

$$0.4AC + 0.4AE + 0.7D$$

の3項になります。

次にこれらと残りの第3因数とをand結合の演算則で計算して9項を得ます。

$$(0.4AC + 0.4AE + 0.7D)(0.4B + 0.4C + 1.0E)$$
$$= 0.4ACB + 0.4AC + 0.4ACE + 0.4AEB + 0.4ACE$$
$$+ 0.4AE + 0.4DB + 0.4DC + 0.7DE$$

先と同様に，この9項をor結合の演算則で整理します。

```
0.4ACB ─┐
0.4AC  ── 0.4AC ─┐
0.4ACE ─────────── 0.4AC
0.4AEB ─┐
0.4ACE ─────────── 0.4AE
0.4AE  ── 0.4AE ─┘
0.4DB
0.4DC
0.7DE
```

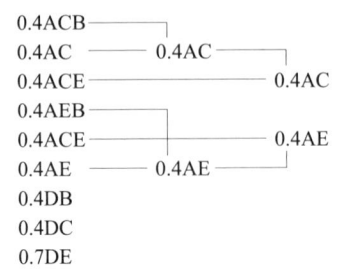

残った項は

$$0.4\text{AC} + 0.4\text{AE} + 0.4\text{BD} + 0.4\text{CD} + 0.7\text{DE}$$

となり，この5項が結果となります．省略したグレードを書き戻して表記すると

$0.7/0.9\text{D}\cdot 1.0\text{E}$　　$0.4/0.7\text{A}\cdot 0.6\text{C}$　　$0.4/0.7\text{A}\cdot 1.0\text{E}$

$0.4/0.8\text{B}\cdot 0.9\text{D}$　　$0.4/0.6\text{C}\cdot 0.9\text{D}$

という5個の決定ルール条件部が U_1 より得られます．同様に U_5 より

$0.5/0.9\text{C}\cdot 0.3\text{b}$　　$0.5/0.9\text{C}\cdot 0.5\text{e}$　　$0.5/0.5\text{E}\cdot 0.3\text{b}$

$0.5/0.5\text{E}\cdot 0.5\text{e}$　　$0.4/0.7\text{A}\cdot 0.9\text{C}$　　$0.4/0.7\text{A}\cdot 0.5\text{E}$

$0.3/0.9\text{C}\cdot 0.5\text{D}$　　$0.3/0.5\text{D}\cdot 0.5\text{E}$

の8個の決定ルール条件部が得られます．式 (6.5), (6.6) のルール統合を用いると，U_1 の $0.4/0.7\text{A}\cdot 1.0\text{E}$ は U_5 の $0.4/0.7\text{A}\cdot 0.5\text{E}$ に統合できます．また U_5 の $0.4/0.7\text{A}\cdot 0.9\text{C}$ は U_1 の $0.4/0.7\text{A}\cdot 0.6\text{C}$ に統合できます．

　決定ルール条件部の解釈は，以下のように表現できます．たとえば決定ルール条件部 $0.7/0.9\text{D}\cdot 1.0\text{E}$ は「Dのグレードが0.9以上かつEのグレードが1.0であれば，度合い0.7でY=1が他と識別される」となります．同様に $0.5/0.9\text{C}\cdot 0.3\text{b}$ は「Cのグレードが0.9以上かつBのグレードが0.3以下であれば，度合い0.5でY=1が他と識別される」，$0.5/0.5\text{E}\cdot 0.5\text{e}$ は「Eのグレードが0.5以上かつ0.5以下すなわち0.5ちょうどであれば，度合い0.5でY=1が他と識別される」となります．

グレードつきデータは通常の離散データも同時に扱うことができます。表6.1のAからDはグレードつき，Eはカテゴリカルを想定しています。たとえば3カテゴリーなら，0, 0.5, 1と割り当てて，閾値を0.5以下にすればカテゴリカルと同様になります。

6.5　応用例：クルマのフロント部分のメーカー別特徴を把握する

本節ではグレードつきラフ集合の応用例として，第1章で取り上げたクルマのフロント部分のデザインがメーカー別にどのような特徴を持っているかという事例を，グレードつきにして，決定ルール条件部を求めてみます。またグレードつきデータを通常の離散データの場合と比較することで，得られる決定ルール条件部にどのような違いがあるかを調べます。

サンプルのクルマ，メーカー分類，属性となるデザイン箇所は第1章と同様です。第1章では属性はカテゴリーで表現されていましたが，本節では属性をグレードで評価します。属性をまとめたものを表6.6に，グレード評価基準を表6.7に示します。表6.7に基づいて60台のサンプルを評価し，メーカー分類をYで示したのが，表6.8のグレードつき決定表です。

次にグレードつき属性値を，表6.7で示される評価基準に準拠してA, C, Fは4カテゴリー，B, D, E, Gは3カテゴリーに変換して離散データをつくります。対応を表6.9に示します。ここでは感性的な評価についてカテゴリーの境目で判断が揺らいだ場合に，得られる決定ルール条件部にどのような違いが現れるかを見るために，境目の判断が異なる2つのケースを想定しました。表6.9に基づいて表6.8のグレードつき決定表を離散データにしたものが表6.10です。カテゴリーの数が第1章と異なる部分があるため，いずれの決定表も第1章とは異なります。表6.10内のグレーで示される要素は判断が揺らいだ（ケース1とケース2で属性値が変わった）ものを示しています。ケース1とケース2の差異は全体で約8.6％でした。

表6.6　属性

記号	内容
A	造形（ボディに対して独立した造形のグリル・ランプ）
B	センター（ボディや部品で強調されたセンター）
C	グリル（ランプと連続・一体化のグリル）
D	ランプ（大きな面積のランプ）
E	表情（ランプやグリルで表情のある顔）
F	バンパー（大きく独自の形で目立つバンパー開口）
G	縦横（横方向強調のデザイン）

表6.7　属性のグレード評価

記号	略称		
A	造形	1.0	グリル・ランプが独立にあり，ボディ造形がそこから作られている
			中間
		0.2	閉じたボディ造形があって，その曲面上にグリルやランプが描かれている
		0.0	その上でグリルがない
B	センター	1.0	ボディ，グリル，マークなどを総動員して，センターアクセントが際立つ
			ボディ，グリル，マークいずれかによって，センターアクセントややあり
		0.0	フロントアクセントまったくなし・マークもなし
C	グリル	1.0	グリルとランプが一体化されている
			グリルとランプは切り離されているが整合している
		0.2	グリルとランプは切り離されて別個に主張
		0.0	グリルがない
D	ランプ	1.0	ランプ面積(大きさ)大
			中
		0.0	小
E	表情	1.0	ランプが猫や猛禽類のような強い表情，グリルによってさらに際立たせる
			犬のようなおとなしい表情
		0.0	幾何的で無表情
F	バンパー	1.0	バンパー穴が大きくかつ独自の形でよく目立つ
			大きくても桟などであまり目立たない
		0.2	細いスリットなどでほとんど目立たない
		0.0	バンパー穴なし
G	縦横	1.0	諸元寸法としての縦横比に対し，フロント全体のデザインで横方向を強調
			中間
		0.0	小

表6.8　グレードつき決定表 (一部省略)

No		A	B	C	D	E	F	G	Y
1	Micra	0.5	0.8	0.4	0.6	0.5	0.2	0.2	1
2	Cube	0.5	0.0	0.6	0.7	0.4	0.7	0.5	1
3	Almera	0.6	0.8	0.4	0.8	0.6	0.5	0.3	1
4	Sunny	0.8	0.5	0.6	0.7	0.5	0.5	0.5	1
5	Tino	0.4	0.8	0.4	0.5	0.6	0.5	0.3	1
6	Primera	0.6	0.9	0.4	0.5	0.7	0.7	0.5	1
7	Presage	0.7	0.5	0.8	0.7	0.6	0.4	0.7	1
8	Cedric	0.7	0.2	0.8	0.6	0.5	0.3	0.6	1
9	Cima	0.8	0.3	0.5	0.7	0.3	0.4	0.5	1
10	Will Vi	0.2	0.1	0.3	0.6	0.5	0.7	0.4	2
11	Yaris	0.2	0.7	0.2	0.7	0.8	0.3	0.2	2
12	Starlet	0.3	0.2	0.5	0.4	0.6	0.3	0.4	2
13	Carolla	0.7	0.3	0.4	0.3	0.7	0.4	0.3	2
14	Celica	0.2	0.4	0.1	0.7	0.9	0.8	0.2	2
15	Gaia	0.6	0.3	0.3	0.7	0.7	0.6	0.4	2
16	Camry	0.4	0.2	0.7	0.5	0.5	0.4	0.7	2
17	Progres	0.9	0.2	0.2	0.2	0.4	0.2	0.2	2
18	Supra	0.1	0.1	0.0	0.5	0.6	0.6	0.2	2
19	Civic	0.3	0.3	0.3	0.7	0.7	0.6	0.3	3
.	.	.	.	.	.	.	.	.	.
.	.	.	.	.	.	.	.	.	.
.	.	.	.	.	.	.	.	.	.
58	Lincoln Continental	0.5	0.3	0.7	0.7	0.4	0.2	0.5	7
59	Chry Neon	0.4	0.2	0.5	0.3	0.5	0.2	0.4	7
60	Chry 300M	0.3	0.2	0.2	0.6	0.6	0.6	0.3	7

[第1部] 感性工学のためのラフ集合

表6.9 離散データへの変換対応表

ケース1

グレード	→	離散
[0, 0.1] A	→	A1
[0.2, 0.4] A	→	A2
[0.5, 0.7] A	→	A3
[0.8, 1] A	→	A4
[0, 0.3] B	→	B1
[0.4, 0.6] B	→	B2
[0.7, 1] B	→	B3

ケース2

グレード	→	離散
[0] A	→	A1
[0.1, 0.4] A	→	A2
[0.5, 0.7] A	→	A3
[0.8, 1] A	→	A4
[0, 0.3] B	→	B1
[0.4, 0.7] B	→	B2
[0.8, 1] B	→	B3

表6.10 離散データ決定表 (一部省略)

No		ケース1						ケース2						Y
		A	B	C	D	E	F	G	A	B	C	D	E	F	G	
1	Micra	A3	B3	C2	D2	E2	F2	G1	A3	B3	C2	D2	E2	F2	G1	1
2	Cube	A3	B1	C3	D3	E2	F3	G2	A3	B1	C3	D2	E2	F3	G2	1
3	Almera	A3	B3	C2	D3	E2	F3	G1	A3	B3	C2	D3	E2	F3	G1	1
4	Sunny	A4	B2	C3	D3	E2	F3	G2	A4	B2	C3	D2	E2	F3	G2	1
5	Tino	A2	B3	C2	D2	E2	F3	G1	A2	B3	C2	D2	E2	F3	G1	1
6	Primera	A3	B3	C2	D2	E3	F3	G2	A3	B3	C2	D2	E2	F3	G2	1
7	Presage	A3	B2	C4	D3	E2	F2	G3	A3	B2	C4	D2	E2	F2	G2	1
8	Cedric	A3	B1	C4	D2	E2	F2	G2	A3	B1	C4	D2	E2	F2	G2	1
9	Cima	A4	B1	C3	D3	E1	F2	G2	A4	B1	C3	D2	E1	F2	G2	1
10	Will Vi	A2	B1	C2	D2	E2	F3	G2	A2	B1	C2	D2	E2	F3	G2	2
11	Yaris	A2	B3	C2	D3	E3	F2	G1	A2	B2	C2	D2	E3	F2	G1	2
10	Will Vi	A2	B1	C2	D2	E2	F3	G2	A2	B1	C2	D2	E2	F3	G2	2
11	Yaris	A2	B3	C2	D3	E3	F2	G1	A2	B2	C2	D2	E3	F2	G1	2
12	Starlet	A2	B1	C3	D2	E2	F2	G2	A2	B1	C3	D2	E2	F2	G2	2
13	Carolla	A3	B1	C2	D1	E3	F2	G1	A3	B1	C2	D1	E2	F2	G1	2
14	Celica	A2	B2	C1	D3	E3	F4	G1	A2	B2	C2	D2	E3	F4	G1	2
15	Gaia	A3	B1	C2	D3	E3	F3	G2	A3	B1	C2	D2	E2	F3	G2	2
16	Camry	A2	B1	C3	D2	E2	F2	G3	A2	B1	C3	D2	E2	F2	G2	2
17	Progres	A4	B1	C2	D1	E2	F2	G1	A4	B1	C2	D1	E2	F2	G1	2
18	Supra	A1	B1	C1	D2	E2	F3	G1	A2	B1	C1	D2	E2	F3	G1	2
19	Civic	A2	B1	C2	D3	E3	F3	G1	A2	B1	C2	D2	E3	F3	G1	3
.	.	.	.	.	.	.	.	.	.	.	.	.	.	.	.	.
.	.	.	.	.	.	.	.	.	.	.	.	.	.	.	.	.
.	.	.	.	.	.	.	.	.	.	.	.	.	.	.	.	.
58	Lincoln Continental	A3	B1	C3	D3	E2	F2	G2	A3	B1	C3	D2	E2	F2	G2	7
59	Chry Neon	A2	B1	C3	D1	E2	F2	G2	A2	B1	C3	D1	E2	F2	G2	7
60	Chry 300M	A2	B1	C2	D2	E2	F3	G1	A2	B1	C2	D2	E2	F3	G1	7

グレードつきデータと離散データのそれぞれを計算して決定ルール条件部を求めたのが表 6.11 および表 6.12, 6.13 (Y=1, 2 のみ抜粋) です。表 6.12, 6.13 の表記は第 1 章に準じています。またグレーの要素はケース 1 と 2 に共通して現れた決定ルール条件部 (以下, 共通ルール条件部) を示しています。

グレードつきデータは閾値を 0.3 として計算を行い, 71 個の決定ルール条件部を得ました。離散データのケース 1 からは 259 個の決定ルール条件部が, ケース 2 からは 128 個の決定ルール条件部が得られました。共通ルール条件部は 69 個でした。

まず目につくのは, 離散データから得られた決定ルール条件部に, ケースによって違いがあることです。決定表の段階では約 8.6％の違いしかなかったのに, 得られた決定ルール条件部数では倍の差があり, 共通ルール条件部数はさらにその半分でした。これはカテゴリーのわずかな判断の差が, 得られるルールに大きな影響を与えることを示しています。

Y=1 の日産車を例に挙げます。離散データのケース 1 とケース 2 を比較すると, C.I. の高い決定ルール条件部は B3, A3, A4, C2 を組み合わせたものが中心になっていることがわかります。これらは両者でまったく同じ決定ルール条件部というわけでなく, 片方で冗長になったりしています。共通ルール条件部を見ると C.I. が低いものが多く, Y=1 全体の特徴は共通ルール条件部には必ずしも現れていないようです。

一方, グレードつきデータからの決定ルール条件部は, 離散データの A3, A4 に相当する「0.6A 以上」, B3 に相当する「0.8B 以上, 0.9B 以上」, C2 に相当する「0.4C 以下, 0.4C ちょうど」といった属性値で構成された決定ルール条件部が効率よく抽出されています。つまりグレードつきラフ集合では, カテゴリーの判断の差で変わるルール, いいかえれば識別の微妙な属性値が絡む決定ルール条件部が閾値によって振り落とされ, はっきりとした特徴を持つ (より識別しやすい) 属性値で構成されているルールが残ったということがわかります。

表6.11 グレードつきデータからの決定ルール条件部 ($\alpha=0.3$)

Y=1 日産車

Almera	Primera
0.3/0.6A・0.8B・0.8D・0.4c	0.3/0.6A・0.9B・0.4c
0.3/0.6A・0.8B・0.8D・0.3g	0.3/0.6A・0.9B・0.5g
0.3/0.6A・0.8B・0.5F・0.4c	0.3/0.9B・0.4C・0.7F・0.4c
0.3/0.6A・0.8B・0.5F・0.3g	0.3/0.9B・0.4C・0.7F・0.5g
	0.3/0.9B・0.4C・0.5G・0.4c
	0.3/0.9B・0.4C・0.5G・0.5g

Y=2 トヨタ車

Carolla	Progres
0.3/0.7A・0.7E・0.3b・0.3d	0.3/0.9A・0.2d

Y=3 ホンダ車

Integra
0.4/0c・0e
0.3/0.2a・0.1b・0c・0.1d
0.3/0.2a・0.1b・0e
0.3/0.1b・0e・0.2g
0.3/0.1d・0e
0.3/0.6F・0.2a・0.1d
0.3/0.6F・0.1b・0e
0.3/0.6F・0c・0.1d

Y=4 三菱車

Dingo	Galant	GTO
0.3/0.6A・0.8E・0.1b・0.1f	0.3/0.8A・.1G	0.3/0.9F・0.1b・0c
0.3/0.6A・0.8E・0.6G・0.1f		0.3/0.9F・0c・0.4d
0.3/0.8D・0.8E・0.1b・0.1f		0.3/0.9F・0c・0.4e
0.3/0.8D・0.8E・0.6G・0.1f		

Y=6 欧州車

Audi-TT	Peugeot 206	Mercedes CLK
0.3/0a・0.3b・0.2f	0.3/0.6B・0.7C・0.1a	0.3/0.4a・0.4b・0.1c・0.2f
0.3/0a・0.4d・0.2f	0.3/0.6B・0.7C・1E・0.7c	0.3/0.4a・0.4b・0.2f・0.1g
0.3/0a・0.4e・0.2f	0.3/0.6B・0.7C・1E・0.7g	0.3/0.4a・0.1c・0.3d・0.2f
	0.3/0.6B・0.7C・0.8F・0.7c	0.3/0.4a・0.1c・0.5e・0.2f
Audi-S3	0.3/0.6B・0.7C・0.8F・0.7g	0.3/0.4a・0.3d・0.2f・0.1g
0.3/0.4B・0.6F・0.3a・0.4c・0.2e	0.3/0.6B・1E・0.7G・0.7c	0.3/0.4B・0.4a・0.4b・0.3d・0.1g
0.3/0.4B・0.6F・0.3a・0.2e・0.4g	0.3/0.6B・1E・0.7G・0.7g	0.3/0.4B・0.4a・0.1c・0.3d
0.3/0.4C・0.6F・0.3a・0.4c・0.4d・0.2e	0.3/0.6B・0.8F・0.7G0.3/0.6B・0.7c	
0.3/0.4C・0.6F・0.3a・0.4d・0.2e・0.4g	0.3/0.6B・0.8F・0.7G0.3/0.6B・0.7g	Peugeot 607
0.3/0.4D・0.6F・0.3a・0.4c・0.4d・0.2e・0.6f	0.3/0.6B・0.7G・0.1a	0.3/0.6B・0.7C・0.9E・0.3a
0.3/0.4D・0.6F・0.3a・0.4d・0.2e・0.6f・0.4g	0.3/1E・0.8F・0.7G・0.7c	0.3/0.6B・0.7C・0.9E・0.7c
	0.3/1E・0.8F・0.7G・0.7g	0.3/0.6B・0.7C・0.9E・0.47c
Mercedes S	0.3/1E・0.7G・0.1a	
0.3/0.4B・0.7D・0.7E・0.4a・0.4b・0.3c・0.2f	0.3/1E・0.7G・0.7c・0.5d	BMW Z3
0.3/0.7D・0.7E・0.4a・0.4b・0.2f・0.2g	0.3/1E・0.7G・0.5d・0.7g	0.3/0.8B・0.1c・0.5e

Y=7 米国車

Olds Alero	Ford Focus
0.3/0.4A・0.7D・0.2b・0c・0.5e	0.3/0.3B・0.7C・0.7D・0.3a0.3/0.3B・0.4g
0.3/0.4A・0.5E・0.6F・0.2b・0c・0.5e・0.6f	0.3/0.3B・0.7C・0.8E・0.6F0.3/0.3B・0.4g
0.3/0.6G・0c	0.3/0.3B・0.7C・0.6F・0.3a0.3/0.3B・0.4g

表6.12　離散データ (ケース1) からの決定ルール条件部 (抜粋)

Y=1	C.I.	1	2	3	4	5	6	7	8	9
A4C3	2/9				*					*
A4D3	2/9				*					*
A4G2	2/9				*					*
B3G2	1/9						*			
C4D3	1/9					*				
E1D3	1/9									*
C4G2	1/9							*		
A4B2	1/9				*					
E1A4	1/9									*
C4B1	1/9								*	
A3B3C2	3/9	*		*			*			
B3E2C2	3/9	*		*		*				
B3D2C2	3/9	*				*	*			
B3F3C2	3/9	*				*	*			
A3B3G1	2/9	*					*			
B3F3A3	2/9	*					*			
B3D2G1	2/9	*			*					
D3E2B2	2/9					*		*		
A3B3E3	1/9						*			
E3D2A3	1/9						*			
A3D3G1	1/9			*						
A3C3F3	1/9		*							
B3D2A2	1/9					*				
B2C3D3	1/9				*					
D3E2C2	1/9				*					
G3B2D3	1/9								*	
A4F3E2	1/9				*					
C4B2E2	1/9								*	
G3B2E2	1/9								*	
D3E2F3A3	2/9		*	*						
C3D3F3E2	2/9		*	*						
B2F2D3A3	1/9								*	
B3E2G1F2	1/9	*								
B3F3E2D2	1/9				*					
B2C3F3E2	1/9				*					
B2C3E2G2	1/9				*					

Y=2	C.I.	10	11	12	13	14	15	16	17	18
F4D3	1/9					*				
D1E3	1/9				*					
C1E3	1/9					*				
D1A3	1/9				*					
D1A4	1/9								*	
A1C1	1/9									*
A1F3	1/9									*
D1F2C2	2/9					*			*	
E3A2B3	1/9			*						
A2F2B3	1/9			*						
E3D3B3	1/9			*						
E3G1B3	1/9			*						
E3F2B3	1/9			*						
C1D3B2	1/9						*			
F4E3A2	1/9						*			
E3F2B1	1/9					*				
E3F2A3	1/9			*						
E3G1A3	1/9			*						
F4E3G1	1/9						*			
A2F2G3	1/9							*		
G3B1F2	1/9							*		
F4B2G1	1/9					*				
F4B2A2	1/9					*				
F4B2C1	1/9									*
C1D2F3	1/9							*		
G3A2E2	1/9							*		
G3B1E2	1/9						*		*	
B1C2A3E3	2/9						*		*	
A2F2B1D2	2/9				*			*		
A2F2C3D2	2/9				*			*		
D1F2B1G1	2/9				*				*	
B1C2G2A2	1/9		*							
B1C2G2D3	1/9						*			
B1C2G2E3	1/9						*			
A2D3B3C2	1/9			*						
D3F2C2B3	1/9			*						
D3F2G1B3	1/9			*						
B1C2A3D3	1/9						*			
E3B1A3F3	1/9						*			
C3D2F2G3	1/9								*	
G3D2E2C3	1/9								*	
C1E2F3B1G1	1/9									*

表6.13 離散データ (ケース2) からの決定ルール条件部 (抜粋)

Y=1	C.I.	1	2	3	4	5	6	7	8	9	Y=2	C.I.	10	11	12	13	14	15	16	17	18
B3A3	3/9	*		*			*				E3G1	2/9		*		*					
A4C3	2/9				*					*	D1A3	1/9			*						
A4G2	2/9				*					*	D1A4	1/9							*		
B3F2	1/9	*									F4C2	1/9				*					
B3G2	1/9						*				E3F2B2	1/9		*							
B3D3	1/9		*								F4B2G1	1/9					*				
D3G1	1/9		*								E3F2C2	1/9									
D3E2	1/9		*								E3D2F2	1/9									
E1A4	1/9									*	A2F2E3	1/9									
C4B1	1/9							*			A2F2B1D2	2/9			*			*			
C4G2E2	2/9						*	*			A2F2C3D2	2/9			*			*			
A3C3F3	1/9		*								D1F2B1C2	2/9				*		*			
A4F3E2	1/9				*						D1F2B1G1	2/9				*		*			
A4B2E2	1/9				*						B1C2G2A2	1/9	*								
B2E2G2A3	1/9						*				C1D2F3G1	1/9								*	
C3B2F3E2	1/9				*						C1E2F3G1	1/9								*	
B2E2G2C3	1/9																				

6.6 まとめ

　本章で解説した提案のグレードつきラフ集合についてまとめます。感性にかかわるデータをはじめとして，連続量・連続的程度を持っていて，しかも観測値をはっきり定め難いデータの場合，通常のラフ集合では，カテゴリーの境界が揺らぐと得られるルール (知識) が変わってしまうという問題を持っています。グレードつきラフ集合が同値関係を類似関係に緩めていることで，上記の問題の解決となりうることを述べました。

　グレードつきラフ集合は離散データも同時に扱えるという意味で通常のラフ集合を拡張したものといえることを解説しました。

　ただしグレードつきラフ集合は決定ルール条件部の併合が難しいなどの問題点もあります。これは異なるサンプル間同士では，ごく限られた条件下でしか決定ルール条件部が統合できないからです。

　また，もともといくつかのカテゴリーからなる属性で構成されたデータや，連続量・連続的程度を持つ属性でも，あるグレード値を境にして性質が明らかに

変わる (表現する言葉の概念が変わる) ような属性で構成されたデータの場合には, グレードつきラフ集合ではなく通常のカテゴリカルなラフ集合を使ったほうがよい場合があります。これはグレードつきラフ集合では, 通常のラフ集合に対して計算時間が多くかかる, 識別をより詳細にするために結果としてルールが長くなる傾向がある, などの理由によります。

(注) 本章で解説したグレードつきラフ集合のソフトウェアは, 株式会社ホロン・クリエイト社のホームページ (http://www.hol-on.com) から購入できます。なお, このグレードつきラフ集合の計算アルゴリズムは, 「データ処理装置, データ処理プログラム及びデータ処理方法」の名称で特許出願 (出願番号2002-330388) されていますので, 本書をもとにプログラムを制作して実務に応用する場合はこの点にご注意ください。詳しくは上記のホームページを参照してください。

【参考文献】

[1] N. Mori and R. Takanashi : Knowledge Acquisition from the Data Consisting of Categories added with Degrees of Conformity—Proposal of Extended Reduct Calculation in Rough Set Theory, *Kansei Engineering International*, Vol.1, No.4, pp.19–24 (2000)

[2] 森典彦：カテゴリーへの帰属がグレードで示された離散データからの知識獲得—ラフ集合の縮約計算を拡張する提案, 東京工芸大学芸術学部紀要, Vol.7, pp.79–84 (2001)

[3] 森典彦, 高梨令：グレードつき離散データからの知識獲得の実際, 第3回日本感性工学会大会予稿集2001, p.143 (2001)

[4] 井上拓也, 原田利宣, 榎本雄介：グレードつきカテゴリーを用いたラフ集合のデザインコンセプト立案への応用—自動車フロントマスクデザインにおける形態要素とイメージとの関係, 日本デザイン学会第49回研究発表大会概要集2002, pp.120–121 (2002)

[5] 石井大樹, 山田優, 高橋直人, 森典彦：グレードつきラフ集合におけるコミュニケーションデータ処理—化粧品市場におけるデータマイニングの実際その1, 第4回日本感性工学会大会予稿集2002, p.211 (2002)

[6] 石井大樹, 森典彦, 山田優, 高橋直人：グレードつきラフ集合を使った商品コンセプトのための知識獲得—化粧品市場におけるデータマイニングの実際その2, 第4回日本感性工学会大会予稿集2002, p.212 (2002)

[7] N. Mori : Rough Set Based Knowledge Acquisition from Graded Data, *Bulletin of International Rough Set Society*, Vol.7, no.1/2, pp.41–44 (2003)

[8] R. Takanashi, N. Mori, D. Ishii, N. Takahashi, M. Yamada : Analysis of Foods Report Effectiveness to Media Using Rough Set with Graded Data, *Bulletin of International Rough Set Society*, Vol.7, no.1/2, pp.65–68 (2003)

第2部

応用のためのラフ集合の理論

第7章

ラフ集合に関する数学的準備と概念

本章では,次章の「ラフ集合と決定表の解析」を理解できるように,記号の説明とその意味などをわかりやすく説明し,ラフ集合手法の概念的理解を与えることを目的としている。数学的取り扱いに慣れている読者はこの章を飛ばして第8章に行くことが可能である。ラフ集合アプローチには,ラフロジックなどの種々の概念が含まれているが,ここでは一般的なラフ近似と情報表または決定表といわれるデータベースから知識を If Then ルールで表現するための方法に焦点を絞ることにする。

7.1 ラフ集合による近似

ラフ集合[1]は1982年にポーランドの Z. Pawlak 教授によって提案された。この論文は数学的に書かれているが,この論文の応用としてルール抽出が同教授により1984年に提案[2]されている。ラフ集合の歴史はすでに20年以上になる。ラフ集合では,同値関係,類似関係などによる集合を知識と考え,与えられた集合をこの知識で表現するのに,2つの近似の方法を提案している。すなわち,可能的に考える上近似 (upper approximation) と必然的に考える下近似 (lower approximation) とが得られ,この対をラフ集合と呼んでいる。あいまいな現象

は上近似と下近似とで近似されるべきであるという考えに基づいている。この概念をラフ近似 (rough approximation) と呼んでいる。この概念を通常のデータ解析に応用した研究がなされている[3]。

以上の概念は不完全情報を持ったデータベースの検索[4]で用いられていた。ここで，不完全情報のデータベースとは，その属性値が1つの値でなく集合になっている場合をいう。たとえば，属性を年齢とし，年齢が正確にわからなくて，区間であるような場合のデータ表7.1によって説明しよう[5]。

表7.1 不完全情報のデータベースの例

名前 (a_i)	年齢
a_1	$X_1 = [23, 26]$
a_2	$X_2 = [20, 22]$
a_3	$X_3 = [30, 36]$
a_4	$X_4 = [20, 23]$
a_5	$X_5 = [27, 31]$

対象a_1の人の年齢が正確にわからないが，大学院の修士課程にいることがわかっていると，年齢が$[23, 26]$の区間のどこかにあるとみなせる。すなわち区間$[23, 26]$のすべての要素が可能であるとみなしている。検索したい人の年齢をSとして$S = [20, 25]$とする。検索の可能解 (上近似) を$R^*(S)$とすると，これは次のように定義されている。

$$R^*(S) = \{a_i \mid S \cap X_i \neq \phi\} = \{a_1, a_2, a_4\}$$

ただしϕは空集合を表し，$\cap$は集合の交わりの記号である。すなわち，集合$R^*(S)$の性質が$S \cap X_i \neq \phi$によって規定され，この集合はこの性質を満たす対象a_iが集められたものである。ただし，$\neq \phi$は空集合でないということを表している。したがって，上式は検索の区間Sと年齢の区間とが交わっている人の名前を引き出している。交わっているということは可能性を表している。

検索の必然解 (下近似) を$R_*(S)$とすると，これは次のように定義されている。

$$R_*(S) = \{a_i \mid S \subseteq X_i\} = \{a_2, a_4\}$$

ただし⊆は集合の包含関係を表している。集合の包含関係は次のように定義されている。一般に $A \subseteq B$ は集合 $A = \{a_1, \cdots, a_n\}$ の要素 a_i が集合 B の要素に含まれていることを表している。したがって，上式は検索の区間 S の中に完全に含まれている年齢の人の名前を引き出している。完全に含まれているということは必然性を表している。

可能解は可能性がある人を検索し，必然解は必然性のある人を検索している。この2つの解には次の包含関係がある。

$$R_*(S) \subseteq R^*(S)$$

数値例では，$\{a_2, a_4\} \subseteq \{a_1, a_2, a_4\}$ となっている。

以上のように，データベースに不完全な情報，すなわち部分的無知さが存在するので，この無知さを2つの集合，すなわち $(R_*(S), R^*(S))$ で表し，これをラフ集合と呼んでいる。情報検索で用いられていた概念をラフ集合として捉えたので，種々の数学的分野にも影響を及ぼしたといえる。これは，よく用いられていた「度合い」をファジィ集合として捉えたことと類似している。ラフ集合，ファジィ集合はどちらも集合として捉えたので，ラフ論理，ファジィ論理などに展開されている。またファジィとラフとを結合させたファジィラフ集合，ラフファジィ集合なども定義されている。

次のような双対的な関係が容易に導ける。

$$R_*(S) = U - R^*(S^c)$$

ただし，U は対象の全体集合，すなわち上の例では $U = \{a_1, \cdots, a_5\}$ であり，S^c は S の補集合，すなわち年齢が0歳から100歳までとすると $S^c = [0, 19] \cup [26, 100]$ であり，−は差集合演算，すなわち集合 U から集合 $R^*(S^c)$ の要素を取り除く演算である。上式で S を S^c に置き換えると次の関係が得られる。

$$R^*(S) = U - R_*(S^c)$$

以上の関係を上述の例を用いて計算によって確かめることができる。

集合と集合との関係を議論しているので，上述のように，上近似と下近似とが得られる。集合は概念を表し，知識の粒状性 (granularity) と呼ばれている。たとえば，病気の診断のためにある検査を行ったとする。そのとき，検査の実数値を問題にするのでなく，その実数値がどの区間に入っているかによって，医者は判断している。ただし，医者の知識から，検査値の取りうる範囲が3～6の区間に分けられている。言い換えると，実数値を取り扱うのでなく，同じ区間に入っている検査結果は同じであると見なされている。同じであるという関係が同値関係であり，この関係によって，与えられたデータを粒状に分けているといえる。

7.2　同値類とは

まず同値関係をRで表し，xとyとが関係Rにあることを$(x,y) \in R$と表す。Rを親子関係とすると，もしxが父親でyがその子供であれば$(x,y) \in R$と書き，そうでなければ$(x,y) \notin R$と書く。同値関係は「同じ」という意味であるので，全体集合をUとして，次の3つの性質を満足するものをいう。

(1) すべての$x \in U$に対して，$(x,x) \in R$である。(反射性)

(2) $(x,y) \in R$ならば$(y,x) \in R$である。(対称性)

(3) $(x,y) \in R$かつ$(y,z) \in R$ならば$(x,z) \in R$である。(推移性)

関係Rを等式=と考えれば，上の3つの関係が成り立つことが容易にわかる。すなわち，(1)は$x = x$であり，(2)は$x = y$ならば$y = x$であり，(3)は$x = y$かつ$y = z$ならば$x = z$である。

同値関係Rによって全体集合をいくつかの同値類に分けることができる。いま$U = \{$世界の都市$\}$，$R = $"陸で続いている"という関係を考える。この関係は明らかに同値関係である。すなわち，上の3つの性質を満足する。(1)は大阪と大阪とは陸で続いている，(2)大阪と東京とが陸で続いているならば，東京と大阪も陸で続いている，(3)大阪と東京とが陸で続いていて，東京と仙台とが陸で続いているならば，大阪と仙台が陸で続いている。したがって，Rは同値関係である。

同値関係によって x の同値類を次のように定義する。

$$[x] = \{y \mid (x,y) \in R\}$$

この $[x]$ を x の同値類という。"x と y とが R の関係にある"ということは"x と y とが 1 つの同値類に属する"ということと同じである。上述の"陸で続いている"という関係 R によって世界の都市は次のようにクラスに分けられる。

$$U = \{\{\text{大阪}\}, \{\text{ニューヨーク}\}, \{\text{ロンドン}\}, \{\text{パリ}\}, \cdots\}$$

ここで, $\{\text{大阪}\}$ は大阪を代表にとっているが, 日本の本州のすべての都市の集合を意味している。言い換えると $U = \{\text{世界の都市}\}$ を関係 R を用いて, U を $\{[x] \mid x \in U\}$ でクラス分けしたことになる。

7.3　属性の縮約と If Then ルールの抽出の概念

ラフ集合はラフ近似という概念で始められたが, データマイニングのような応用の観点から, ラフ集合でよく議論されているのは属性の縮約 (reduct) である。これは専門家から得られたクラスを表現するための最小の属性数を求める問題である。少ない属性によって, 専門家の知識を表現し, この属性が知識の特徴になっている。たとえば, 世代によって好まれる商品の属性が色と形で特徴づけられるというような知識を得ることができる。得られた特徴属性を反映した製品設計などができる。さらに, 縮約された属性から If Then ルールを導き, このルールによる推論ができる。

以上のことを簡単な数値例で述べよう。表 7.2 において, 販売員 (Staff), 商品 (Quality), 立地 (Location) を属性といい, 利益 (Profit) は決定属性であり, 商店は対象である。利益が良いものの集合 $D_1 = \{p_1, p_3, p_6\}$ と利益が悪いものの集合 $\{p_2, p_4, p_5\}$ を属性 $\{S, Q, L\}$ で説明することがここでの問題である。対象 p_2, p_3 の属性値はすべて同じであるにもかかわらず, 決定属性値は異なっている。したがって, 矛盾したデータを含んでいる。3 つの属性を用いて, 属性値がすべて同じである対象は区別できないので, 識別不能または同値であるとい

われる．すなわち，属性値によって同値関係が規定されている．決定属性 $\{P\}$ を考えないで，属性 $\{S, Q, L\}$ で識別できる対象は $\{p_1\}$，$\{p_2, p_3\}$，$\{p_4\}$，$\{p_5\}$，$\{p_6\}$ である．これを基本集合といい，S，Q，L による同値類である．これは与えられた決定表の属性に関する細微な知識であるといえる．属性 $\{L\}$ を取っても，S，Q による基本集合は同じであるので，属性 $\{L\}$ は必要でないといえる．これが属性の縮約という概念である．いま属性 $\{S\}$ を除けば，Q，L による基本集合は $\{p_1, p_2, p_3\}$，$\{p_4\}$，$\{p_5, p_6\}$ となり，S，Q，L による基本集合と異なる．したがって，S を省くことができない．同様に属性 $\{Q\}$ を省き，S，L による基本集合は $\{p_1\}$，$\{p_2, p_3\}$，$\{p_4\}$，$\{p_5\}$，$\{p_6\}$ となり，これは基本集合と同じである．したがって縮約の候補は $\{S, Q\}$ と $\{S, L\}$ である．いま，$\{S, Q\}$ から S または Q を取り除くと，基本集合と異なるので，$\{S, Q\}$ が縮約である．$\{S, L\}$ についても同様であるので，$\{S, L\}$ も縮約である．

表 7.2 から求められる縮約は $\{S, Q\}$，$\{S, L\}$ であり，2 つの縮約は S を含んでいる．すなわち，$\{S, Q\} \cap \{S, L\} = S$ である．多くの縮約が求められるので，すべての縮約に共通した属性を核 (core) という．この例では S が核であり，属性 S が重要な属性であることを示している．

属性 $\{S, Q\}$ によって決定属性の集合を説明しよう．いま利益が良いものの集合 $D_1 = \{p_1, p_3, p_6\}$ をとり，必然的ルール（下近似）は p_1，p_6 から次のように書ける．

If S is 良い, and Q is 良い, then P is 良い．(p_1)

If S is 良い, and Q is 普通, then P is 良い．(p_6)

表 7.2 決定表の例

商店	販売員 (S)	商品 (Q)	立地 (L)	利益 (P)
p_1	良い	良い	悪い	良い
p_2	普通	良い	悪い	悪い
p_3	普通	良い	悪い	良い
p_4	悪い	普通	悪い	悪い
p_5	普通	普通	良い	悪い
p_6	良い	普通	良い	良い

可能的なルール (上近似) としては p_3 から次のように書ける。

  If S is 中, and Q is 良い, then P is 良い。(p_3)

これが可能的であるというのは, p_2 と p_3 が同じ属性値であり, その決定属性値が異なるからである。最後のルールは If 部分が同じで, then 部分が悪いとなる可能性もある。

 同様に, 利益が悪いものの集合 $D_2 = \{p_2, p_4, p_5\}$ をとり, 必然的なルール (下近似) である p_4, p_5 から次のルールが得られる。

  If S is 悪い, and Q is 普通, then P is 悪い。(p_4)

  If S is 普通, and Q is 普通, then P is 悪い。(p_5)

可能的なルール (上近似) としては p_2 から次のように書ける。

  If S is 普通, and Q is 良い, then P is 悪い。(p_2)

 次に決定属性を考慮すると, もっと簡略化されたルールが得られる。このことを表7.2の例によって説明する。決定属性が同じである対象は区別する必要がないので, 属性を取り除くことができることがある。たとえば, p_1, p_6 は D_1 に属しているので p_1 と p_6 とを区別する必要性はない。したがって p_1, p_6 から得られた前述のルールは次のように簡略化できる。

  If S is 良い, then P is 良い。(p_1, p_6)

すなわち, 属性 Q を取り除くことができる。しかし p_4, p_5 から得られるルールはこれ以上簡略化できない。決定属性を考慮して縮約を求める方法は識別関数に基づいている。これについては第8章で解説されている。

 以上のように, 決定属性の集合を属性集合で近似し, 主に必然的 (下近似) ルールを導出できる。また矛盾したデータを導き出せるので, 専門家とデータ解析者とで議論することができる。その上, データ構造からルールとしての知識が導出できるので, 解析の対象である現象の専門家が理解しやすい知識になっている。

【参考文献】

[1] Z. Pawlak : Rough sets, *Int. J. Inform. Comput. Sci.*, Vol.11, No.5, pp.341–356 (1982)

[2] Z. Pawlak : Rough classification, *Int. J. Man-Machine Studies*, Vol.20, pp.469–483 (1984)

[3] H. Tanaka and P. Guo : Possibilistic Data Analysis for Operations Research, Physica-Verlag, Heidelberg, Germany (1999)

[4] W. Lipski, Jr. : On semantic issues connected with incomplete information databases, *ACM, Trans. on Database Systems*, Vol.4, No.3, pp.262–296 (1979)

[5] 田中英夫：ファジィモデリングとその応用, 第8章「ラフ集合とその応用」, システム制御情報ライブラリーNo.2, 朝倉書店 (1990)

第8章

ラフ集合と決定表の解析

8.1 はじめに

　本章では，ラフ集合の定義とその性質について述べ，ラフ集合[1,2]に基づいた決定表の解析手法について説明する．前述のようにラフ集合は，1982年にZ. Pawlak[1]により提案された識別不能性のもとでの集合の記述に関する数学的理論である．有限の特徴の列挙により対象を記述するとき，異なった対象の記述が一致し，識別不能となる．たとえば，リンゴとトマトを色と形という2つの属性で記述すると，「赤くて丸いもの」となり，この記述では識別できない．ラフ集合では，このような識別不能関係を利用し，対象を識別するのに必要な最低限の属性の集合や，対象が所属するクラスを識別する簡潔なルールなどを導き出す方法を与えている．

　以下では，ラフ集合とその性質を述べた後，情報表への適用について議論する．対象を識別するのに必要な最低限の属性集合である縮約や，対象が所属するクラスを識別する決定ルールを求める一方法を解説する．最後に，ラフ集合の最近の発展について概観し，関連論文を紹介する．

8.2 ラフ集合の定義と性質

考える対象全体の集合を U と記す。$x \in U$ と $y \in U$ の対 (x, y) の集合 R を関係という。ただし，(x, y) と (y, x) は異なり，また $x = y$，つまり (x, x) が要素となる場合もある。R に対して，次の 3 つの性質を考える。

(a) すべての $x \in U$ に対して，$(x, x) \in R$ となる

(b) $(x, y) \in R$ ならば $(y, x) \in R$ となる

(c) $(x, y) \in R$ かつ $(y, z) \in R$ ならば $(x, z) \in R$ となる

性質 (a), (b), (c) はそれぞれ，反射性，対称性，推移性と呼ばれる。これらの 3 つの性質すべてを満たす関係を同値関係という。同値関係 R が与えられたとき，R による $x \in U$ の同値類は次式で定められる。

$$[x]_R = \{y \in U \mid (y, x) \in R\} \tag{8.1}$$

同値類 $[x]_R$ について，3 つの性質

(d) $y \in [x]_R$ ならば $[x]_R = [y]_R$ となる

(e) $y \notin [x]_R$ ならば $[x]_R \cap [y]_R = \phi$ となる

(f) $\bigcup_{x \in U} [x]_R = U$ となる

が成立する。部分集合 $F_i \subseteq U$, $i = 1, 2, \ldots, p$ の集合，つまり集合族 $\mathcal{F} = \{F_1, F_2, \ldots, F_p\}$ を考えたとき

(g) $F_i, F_j \in \mathcal{F}$, $F_i \neq F_j$ ならば $F_i \cap F_j = \phi$ となる

(h) $\bigcup_{i=1,2,\ldots,p} F_i = U$ となる

を満たせば，$\mathcal{F}$ は U の分割と呼ばれる。(d)〜(f) より，同値類の集合 $\mathcal{R} = \{[x]_R \mid x \in U\}$ は，U の分割となることがわかる。

部分集合 $X \subseteq U$ が与えられたとき, R による下近似 (lower approximation) $R_*(X)$ と上近似 (upper approximation) $R^*(X)$ は次のように定義される。

$$R_*(X) = \{x \in U \mid [x]_R \subseteq X\} \tag{8.2}$$

$$R^*(X) = \{x \in U \mid [x]_R \cap X \neq \phi\} \tag{8.3}$$

下近似 $R_*(X)$ と上近似 $R^*(X)$ の対 $(R_*(X), R^*(X))$ は X のラフ集合 (rough set) と呼ばれる。また, $BN_R(X) = R^*(X) - R_*(X)$ は境界と呼ばれる。図8.1 に下近似 $R_*(X)$, 上近似 $R^*(X)$ と境界 $BN_R(X)$ を図示する。

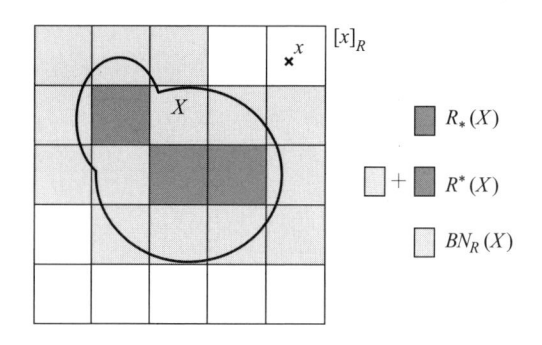

図 8.1 上近似, 下近似と境界

$[x]_R$ を x と同等とみなすべき対象の集合と考えると, $[x]_R \not\subseteq X$ であれば, x と同等とみなすべき対象が X に含まれない。そのため, たとえ $x \in X$ という情報が得られているとしても, $x \in X$ は疑わしい。また, $[x]_R \cap X \neq \phi$ であれば, x と同等とみなすべき対象のいずれかが X に帰属しているので, x も X に帰属している可能性がある。これらの解釈を適用すると, $R_*(X)$ は X への帰属が疑わしくない対象の集合と解釈され, $R^*(X)$ は X に帰属する可能性のある対象の集合と解釈される。この意味で, $R_*(X)$ は正領域 (positive region), $U - R^*(X)$ は負領域 (negative region), $R^*(X)$ は可能領域 (possible region) とも呼ばれる。

ラフ集合 $(R_*(X), R^*(X))$ は表 8.1 に示す基本性質を持つ。(i) は $R^*(X)$ および $R_*(X)$ が上下近似となっていることを示し, (ii) は空集合, 全体集合の上下近

似がそのまま空集合，全体集合となることを示している．(iv) は上下近似の包含関係に関する単調性を示し，(iii) と (v) は，共通集合 $X \cap Y$，和集合 $X \cup Y$ に関する性質を示している．共通集合の下近似はそれぞれの下近似の共通集合に一致するが，共通集合の上近似はそれぞれの上近似の共通集合より小さいか等しい．一方，和集合の上近似はそれぞれの上近似の和集合に一致するが，和集合の下近似はそれぞれの下近似の和集合より大きいか等しい．(vi) は下近似と上近似の双対性を示しており，補集合 $U - X$ の下近似は X の上近似の補集合に等しく，逆に，補集合 $U - X$ の上近似は X の下近似の補集合に等しい．(vii) は上下近似を複数回行っても，最初に行った近似結果から変化しないことを表している．

表 8.1 ラフ集合の基本性質

(i)	$R_*(X) \subseteq X \subseteq R^*(X)$
(ii)	$R_*(\phi) = R^*(\phi) = \phi,\ R_*(U) = R^*(U) = U$
(iii)	$R_*(X \cap Y) = R_*(X) \cap R_*(Y)$
	$R^*(X \cup Y) = R^*(X) \cup R^*(Y)$
(iv)	$X \subseteq Y$ implies $R_*(X) \subseteq R_*(Y)$
	$X \subseteq Y$ implies $R^*(X) \subseteq R^*(Y)$
(v)	$R_*(X \cup Y) \supseteq R_*(X) \cup R_*(Y)$
	$R^*(X \cap Y) \subseteq R^*(X) \cap R^*(Y)$
(vi)	$R_*(U - X) = U - R^*(X)$
	$R^*(U - X) = U - R_*(X)$
(vii)	$R_*(R_*(X)) = R^*(R_*(X)) = R_*(X)$
	$R^*(R^*(X)) = R_*(R^*(X)) = R^*(X)$

8.3 情報表と識別不能関係

対象に関するデータは，複数の属性とそれらの値で与えられることが多い．多くの対象に対する属性値データを示した表は情報表 (information table) あるいは情報システム (information system) と呼ばれる．情報表は，(U, AT, V, ρ) の 4 対で定義される．U は情報表に現れる対象全体の集合，AT は属性の集合，V は属

性 a のとる値の集合 V_a を用いて, $V = \bigcup_{a \in AT} V_a$ と定められ, $\rho : U \times AT \to V$ は対象 u と属性 a に対して属性値 $\rho(u,a) \in V$ を割り当てる関数である. 表8.2 に情報表の例を示す. 表8.2 は, 6人の患者の頭痛 (Headache：以後 H), 鼻水 (Sneeze：以後 S), 体温 (Temperature：以後 T), 筋肉痛 (Muscle-pain：以後 M) と 流感 (Flu：以後 F) に関するデータである. この表の場合, $U = \{p_1, p_2, \ldots, p_6\}$, $AT = \{H, S, T, M, F\}$, $V = \{\text{yes}, \text{no}, \text{very high}, \text{high}, \text{normal}\}$ である. $\rho(x,a)$ は $\rho(p_1, H) = \text{no}$, $\rho(p_2, S) = \text{yes}$ などのように, x を行, a を列に対応させ, 求められる表中の値により定められる.

表 8.2　情報表の例

Patient	Headache	Sneeze	Temperature	Muscle-pain	Flu
p_1	no	no	very high	yes	yes
p_2	no	yes	high	yes	yes
p_3	yes	no	high	no	no
p_4	yes	yes	high	no	yes
p_5	no	no	very high	yes	no
p_6	yes	no	normal	no	no

属性の任意の部分集合 $A \subseteq AT$ が与えられると, 情報表に基づき, 次の関係 R_A を定めることができる.

$$R_A = \{(x,y) \mid \rho(x,a) = \rho(y,a),\ \forall a \in A\} \tag{8.4}$$

$(x,y) \in R_A$ であるとき, 対象 x と対象 y が属性の部分集合 A により識別できないことを表し, R_A は識別不能関係 (indiscernibility relation) と呼ばれる. 識別不能関係 R_A は, 反射性, 対称性, 推移性を満たすので, 同値関係である. 表 8.2 の場合, たとえば, $A = \{H, S\}$ とすると, 識別不能関係 R_A は

$$R_A = \{(p_1,p_1),(p_1,p_5),(p_2,p_2),(p_3,p_3),(p_3,p_6),$$
$$(p_4,p_4),(p_5,p_1),(p_5,p_5),(p_6,p_1),(p_6,p_6)\}$$

となり, これより得られる同値類 $[p_i]_{R_A}$ の集合は

$$\{\{p_1,p_5\},\{p_2\},\{p_3,p_6\},\{p_4\}\}$$

となる.

　情報表で与えられたすべての属性の集合ATと同等に対象を識別できるために必要な最小の属性の部分集合は, 縮約 (reduct) と呼ばれる. 識別不能関係R_Aを用いると, 縮約は次のように定義される. すなわち

$$R_A = R_{AT} \text{ かつ } \not\exists a \in A; R_{A-\{a\}} = R_A \tag{8.5}$$

を満たす$A \subseteq AT$を縮約という. 一般に, 縮約は複数存在する. すべての縮約の共通集合は, 対象をATと同等に識別する上で欠くことのできない属性の集合を表し, コア (core) と呼ばれる.

　表8.2の場合, 縮約は$\{H, T, F\}$と$\{T, M, F\}$との2つがある. したがって, コアは$\{T, F\}$となる.

8.4　決定表におけるラフ集合

　情報表(U, AT, V, ρ)の属性集合ATが条件属性 (condition attribute) 集合Cと決定属性 (decision attribute) 集合Dに分割できるとき, 情報表は決定表 (decision table) と呼ばれる. 条件属性と決定属性を明確にするため, 決定表は$(U, C \cup D, V, \rho)$と記される. たとえば, 表8.2の場合, 頭痛 (H), 鼻水 (S), 体温 (T), 筋肉痛 (M) は患者が流感 (F) であるか否かを決めるための条件属性と考えられ, 流感 (F) は決定属性と考えられる. すなわち, $C = \{H, S, T, M\}$, $D = \{F\}$となる.

　決定表は, 条件属性の値に対する決定属性の値を示す決定ルールを与えている. たとえば, 表8.2の第1行は

[H = no] ∧ [S = no] ∧ [T = very high] ∧ [M = yes] ⇒ [F = yes]

なるルール, すなわち, 「頭痛がなく, 鼻水がなく, 体温が非常に高く, 筋肉痛があれば, 流感である」というルールを示している.

　決定属性の集合$B \subseteq D$とすると, R_Bにより全体集合Uを$D_1, D_2, \ldots, D_p$に分割することができる. $D_i, i = 1, 2, \ldots, p$は決定クラスと呼ばれる. 条件属

性の集合 $A \subseteq C$ が与えられると，識別不能関係 R_A に基づく各決定クラス D_i の下近似，上近似は次のように得られる．

$$A_*(D_i) = \{x \in U \mid [x]_A \subseteq D_i\} \tag{8.6}$$

$$A^*(D_i) = \{x \in U \mid [x]_A \cap D_i \neq \phi\} \tag{8.7}$$

ただし，これらの式では，簡単のため，$R_{A*}(D_i)$, $R_A^*(D_i)$, $[x]_{R_A}$ を $A_*(D_i)$, $A^*(D_i)$, $[x]_A$ と表している．表8.2の場合，$D = B = \{F\}$ となり，決定クラスは流感である患者の集合 $D_1 = \{p_1, p_2, p_4\}$ と流感でない患者の集合 $D_2 = \{p_3, p_5, p_6\}$ となる．$A = \{H, S\}$ とすると，$A_*(D_1) = \{p_2, p_4\}$，$A^*(D_1) = \{p_1, p_2, p_4, p_5\}$，$A_*(D_2) = \{p_3, p_6\}$，$A^*(D_2) = \{p_1, p_3, p_5, p_6\}$ が得られる．

$A_*(D_i)$ は属性集合 A に関する情報により正確に D_i の要素と判定できる対象の集合を表し，$A^*(D_i)$ は属性集合 A に関する情報より，D_i の要素でないと言い切れない対象の集合を表している．$A_*(D_i) = A^*(D_i)$ であれば，属性 A に関する情報より D_i のすべての要素が正確に判定できることになる．これらのことより，次の近似精度 (accuracy) $\alpha_A(D_i)$ と近似の質 (quality of approximation) $\gamma_A(D_i)$ が提案されている．

$$\alpha_A(D_i) = \frac{|A_*(D_i)|}{|A^*(D_i)|} \tag{8.8}$$

$$\gamma_A(D_i) = \frac{|A_*(D_i)|}{|D_i|} \tag{8.9}$$

ただし，$|X|$ は集合 X の基数 (X 内の対象の個数) である．$\alpha_A(D_i)$ は属性集合 A の情報により決定クラス D_i がどの程度近似できるかを示し，$\gamma_A(D_i)$ は属性集合 A の情報により決定クラス D_i のどの程度の要素が明確に判定できるかを示している．さらに，分割 $\mathcal{D} = \{D_1, D_2, \ldots, D_p\}$ に対しても，近似の質が次のように定義されており，属性集合 A に関する情報により全体集合 U 内のどの程度の要素が正確に判定できるかを示している．

$$\gamma_A(\mathcal{D}) = \frac{\sum_{i=1}^{p} |A_*(D_i)|}{|U|} \tag{8.10}$$

縮約の概念は，決定表に対しても提案されている．分割 $\mathcal{D} = \{D_1, D_2, \ldots, D_p\}$ に対して，下近似 (正領域) の和集合 $\text{Pos}_A(\mathcal{D})$ を次のように定める．

$$\text{Pos}_A(\mathcal{D}) = \bigcup_{i=1,2,\ldots,p} A_*(D_i) \tag{8.11}$$

$\text{Pos}_A(\mathcal{D})$ を用いると，(相対) 縮約は次のように定義される．条件属性の集合 $A \subseteq C$ が次式を満足するとき，A を分割 $\mathcal{D}$ に関する C の相対縮約 (relative reduct)，あるいは，先の縮約と誤解のおそれのない場合には，単に縮約 (reduct) という．

$$\text{Pos}_A(\mathcal{D}) = \text{Pos}_C(\mathcal{D}) \text{ かつ } \not\exists a \in A; \text{Pos}_{A-\{a\}}(\mathcal{D}) = \text{Pos}_A(\mathcal{D}) \tag{8.12}$$

この場合にも，一般に，縮約は複数存在し，その共通集合はコア (core) と呼ばれる．コア内は近似の質を落とすことなく，分割 $\mathcal{D}$ を説明するために必要不可欠な属性集合である．表8.2で，Fのみを決定属性とし，他を条件属性とすると，$\{H, S\}, \{S, T\}, \{S, M\}$ の3つが縮約となり，コアは $\{S\}$ と求められる．表8.3 に $\{S, T\}$ に基づき縮約された決定表の例を示す．

表8.3 縮約された決定表の例

Patient	Sneeze	Temperature	Flu
p_1	no	very high	yes
p_2	yes	high	yes
p_3	no	high	no
p_4	yes	high	yes
p_5	no	very high	no
p_6	no	normal	no

たとえば，医療診断や故障診断の場合，ある疾病や故障の診断に必要な最小限の検査項目 (条件属性に対応) の特定に，縮約は有効となろう．また，各検査項目にコストが与えられていると，元の決定表の質を低下することなく診断するために必要な最小コストの検査項目を求める問題へも縮約は有効となる．

8.5 識別行列による縮約の計算

相対縮約の計算法について述べる。すでに、いくつかの計算法が提案されているが[2]、ここでは、識別行列を使った計算法[3]を紹介する。8.3節で述べた縮約の計算もほとんど同様に行うことができる。

決定表 $(U, C \cup D, V, \rho)$ が与えられたとき、決定属性集合 $B \subseteq D$ に関する識別行列は、(i, j) 成分 δ_{ij} が次の集合あるいは $*$ で定義される $n \times n$ 行列である。

$$\delta_{ij} = \begin{cases} \{a \in C \mid \rho(x_i, a) \neq \rho(x_j, a)\}; \\ \quad \exists d \in B, \rho(x_i, d) \neq \rho(x_j, d) \text{ かつ } \{x_i, x_j\} \cap \text{Pos}_C(\mathcal{D}) \neq \phi \text{ のとき} \\ *; \quad \text{その他} \end{cases}$$

(8.13)

ただし、n は決定表内の対象の数、すなわち $n = |U|$ と定められる。$*$ は don't care を意味する。式 (8.13) の δ_{ij} は、決定属性の値が等しくない場合に、属性値が異なる条件属性の集合を表している。i 番目の対象と j 番目の対象の決定属性の値が等しくない理由が δ_{ij} 内のいずれかの属性に対する値の相違にあることを示し、δ_{ij} 内のいずれかの属性を用いれば i 番目の対象と j 番目の対象を区別できることを示している。$\delta_{ij} = \delta_{ji}$、$\delta_{ii} = *$ であることに注意すると、上三角あるいは下三角の部分が与えられれば十分であることがわかる。

したがって、条件属性の集合 $Q \subseteq C$ が、任意の (i, j) $(1 \leq i, j \leq n)$ に対して、条件

$$\delta_{ij} \neq * \text{ ならば } \delta_{ij} \cap Q \neq \phi \text{ である} \tag{8.14}$$

を満足するとき、Q 内のすべての条件属性を用いることにより、条件属性集合 C による近似の質を低下させることなく、決定属性集合 B の属性値を判定することができる。ゆえに、条件 (8.14) を満たす極小な属性集合 Q が縮約となる。

上述のように、集合を用いて表記すれば、縮約の計算がかなり複雑なものにみえるが、論理式を用いて表せば、次のように縮約は比較的容易に計算することができる。すなわち、属性集合 Q と属性 q が与えられたとき、$q \in Q$ であることを論理式 $\text{El}_Q(q)$ と示す。Q が任意の (i, j) $(1 \leq i, j \leq n)$ に対して、条件 (8.14)

を満たすことは

$$\bigwedge_{i,j:\ i>j} \bigvee_{q \in \delta_{ij}} \mathrm{El}_Q(q) \tag{8.15}$$

と表せる．この論理式を最簡加法標準形に変形し

$$\bigwedge_{i,j:\ i>j} \bigvee_{q \in \delta_{ij}} \mathrm{El}_Q(q) = (\mathrm{El}_Q(q_1) \wedge \cdots \wedge \mathrm{El}_Q(q_r))$$
$$\vee\, (\mathrm{El}_Q(q_{r+1}) \wedge \cdots \wedge \mathrm{El}_Q(q_s))$$
$$\vee \cdots \vee (\mathrm{El}_Q(q_{t+1}) \wedge \cdots \wedge \mathrm{El}_Q(q_u)) \tag{8.16}$$

が得られたとする．ただし，吸収律により，連言項は，たとえば，$(\mathrm{El}_Q(a) \wedge \mathrm{El}_Q(b) \wedge \mathrm{El}_Q(c)) \vee (\mathrm{El}_Q(a) \wedge \mathrm{El}_Q(b)) = \mathrm{El}_Q(a) \wedge \mathrm{El}_Q(b)$ などのように整理され，式(8.16)は論理式の長さが極小な連言項のみを含んでいるものとする．

式(8.16)の最簡加法標準形により，連言項の1つでも真であれば，論理式全体が真となるので，Q が式(8.14)を満たすための必要十分条件は，属性集合 $\{q_1, \ldots, q_r\}$, $\{q_{r+1}, \ldots, q_s\}$, $\ldots$, $\{q_{t+1}, \ldots, q_u\}$ のいずれかを含めばよいことになる．さらに，最簡加法標準形(8.16)の各連言項は，長さの極小な連言項であるので，縮約に対応する．すなわち，すべての縮約は，最簡加法標準形(8.16)の連言項に対応して，属性集合 $\{q_1, \ldots, q_r\}$, $\{q_{r+1}, \ldots, q_s\}$, $\ldots$, $\{q_{t+1}, \ldots, q_u\}$ として得られる．このように，識別行列を求めた後，式(8.15)の論理式を構成し，その最簡加法標準形を求めることで，すべての縮約が一度に算出できることになる．

たとえば，$\{F\}$ を決定属性集合とする表8.2の決定表の場合，識別行列の下三角部は

	p_1	p_2	p_3	p_4	p_5	p_6
p_1	*					
p_2	*	*				
p_3	{H, T, M}	{H, S, M}	*			
p_4	*	*	{S}	*		
p_5	*	{S, T}	*	{H, S, T, M}	*	
p_6	{H, T, M}	{H, S, T, M}	*	{S, T}	*	*

と得られる．この識別行列より，式 (8.15) の論理式を構成し，最簡加法標準形に変形すると，次のようになる．

$$(H \vee T \vee M) \wedge (H \vee T \vee M) \wedge (H \vee S \vee M) \wedge (S \vee T)$$
$$\wedge (H \vee S \vee T \vee M) \wedge S \wedge (H \vee S \vee T \vee M) \wedge (S \vee T)$$
$$= (H \vee T \vee M) \wedge S = (H \wedge S) \vee (S \wedge T) \vee (S \wedge M)$$

ただし，論理式 $\mathrm{El}_Q(a)$ を簡単に，a と記している．これより，縮約として，$\{H, S\}$, $\{S, T\}$, $\{S, M\}$ の3つが得られることがわかる．

8.6　決定行列による決定ルールの抽出

縮約により，近似の質を損なうことなく，より簡略化された決定ルールを得ることができる．たとえば，表 8.3 の縮約された決定表より，次の3つの決定ルールが得られる．

- $[S = \text{yes}] \wedge [T = \text{high}] \Rightarrow [F = \text{yes}]$ 　　(p_2, p_4)
- $[S = \text{no}] \wedge [T = \text{high}] \Rightarrow [F = \text{no}]$ 　　(p_3)
- $[S = \text{no}] \wedge [T = \text{normal}] \Rightarrow [F = \text{no}]$ 　　(p_6)

括弧内の p_i はそのルールに対応する患者を示している．ただし，p_1 と p_5 は互いに矛盾しているので除いている．なお，矛盾するルールを統合して

- $[S = \text{no}] \wedge [T = \text{very high}] \Rightarrow [F = \text{yes or no}]$

というルールにすることも考えられる．さらに，$[S = \text{yes}]$ を満たす対象が p_2 と p_4 の2つしか存在しないことに着目すると，最初のルールは，次のように簡略化することができる．

- $[S = \text{yes}] \Rightarrow [F = \text{yes}]$

[第2部] 応用のためのラフ集合の理論

　上述のように，縮約を用いれば簡略化された決定ルールを導くことができる。しかし，たとえすべての縮約から条件の長さが極小な決定ルールを導いても，与えられた決定表に内在するすべての極小な決定ルールを導いたことにはならない。決定表に内在する隠れた知識を発見する意味では，条件の長さが極小な決定ルールをすべて導くことは有意義である。ただし，決定表が大きくなれば，かなりの計算時間を覚悟しなければならない。ここでは，決定表に内在する条件の長さが極小な決定ルールのすべてを導く方法について述べる。以後，条件の長さが極小な決定ルールを極小決定ルールと呼ぶ。

　極小決定ルールを導く方法として，いくつかの方法が提案されているが[4]，基本的には，これらは列挙法に基づいている。ここでは，先に述べた識別行列と同様な考えかたに基づき，すべての極小決定ルールを導く方法[5]を紹介する。

　決定表 $(U, C \cup D, V, \rho)$ が与えられたとき，決定属性集合 $B \subseteq D$ の属性値に基づき，対象の集合が p 個の決定クラス $D_k, k = 1, 2, \ldots, p$ に分割されるとする。このとき，決定クラス D_k に応じて決定行列 (decision matrix) の (i, j) 成分は次のように定義される。

$$M_{ij}^k = \{(a, \rho(x_i, a)) \mid \rho(x_i, a) \neq \rho(x_j, a)\}, \; i \in K_k^+, \; j \in K_k^- \tag{8.17}$$

ただし，$K_k^+ = \{i \mid x_i \in C_*(D_k)\}$，$K_k^- = \{i \mid x_i \notin D_k\}$ と定義する。下近似 $C_*(D_k)$ 内の対象の数を l，D_k 内の対象の数を r とすると，決定行列は $l \times (n-r)$ 行列となる。M_{ij}^k は，$x_i \in C_*(D_k)$ と $x_j \notin D_k$ のとき，x_i と x_j の値が異なる属性とその x_i の値を示している。すなわち，x_i と x_j が帰属する決定クラスが異なるとき，値が異なる属性と，その値がどのような場合に D_k と判定されているかを表している。したがって，$M_{ij}^k = \{(a_1, \rho(x_i, a_1)), (a_2, \rho(x_i, a_2)), \ldots, (a_m, \rho(x_i, a_m))\}$ であることは，論理式

$$\begin{aligned}\mathcal{L}(M_{ij}^k) = \text{`}\rho(x, a_1) = \rho(x_i, a_1)\text{'} \vee \text{`}\rho(x, a_2) = \rho(x_i, a_2)\text{'} \\ \vee \cdots \vee \text{`}\rho(x, a_m) = \rho(x_i, a_m)\text{'}\end{aligned} \tag{8.18}$$

が真となれば，対象 x が負事例 x_j と同じ条件属性の値をとらないことを表している。

すべての $j \in K_k^-$ に対して, $\mathcal{L}(M_{ij}^k)$ が成立, すなわち

$$\bigwedge_{j \in K_k^-} \mathcal{L}(M_{ij}^k) \tag{8.19}$$

が成立すれば, いずれの負事例とも条件属性の値が同じにならないので, D_k に帰属すると判定しても矛盾しない. すべての正事例 $x_i \in C_*(D_k)$ について同様な議論ができ, 決定表全体で極小な長さの条件を得るためには, 論理式

$$\bigvee_{i \in K_k^+} \bigwedge_{j \in K_k^-} \mathcal{L}(M_{ij}^k) \tag{8.20}$$

を考え, 最簡加法標準形を求めれば, 各連言項が $x \in D_k$ を導く極小な長さの決定ルールの条件部となる. すなわち

$$\begin{aligned}\bigvee_{i \in K_k^+} \bigwedge_{j \in K_k^-} \mathcal{L}(M_{ij}^k) = &('\rho(x, a_1) = \rho(x_1, a_1)' \wedge \cdots \wedge '\rho(x, a_2) = \rho(x_1, a_{m_1})') \\ &\vee \cdots \vee ('\rho(x, a_{m_{k-1}+1}) = \rho(x_1, a_{m_{k-1}+1})' \wedge \cdots \\ &\wedge '\rho(x, a_{m_k}) = \rho(x_1, a_{m_k})')\end{aligned} \tag{8.21}$$

なる最簡加法標準形が得られた場合, $x \in D_k$ を導く次の条件の長さが極小な決定ルールが得られる.

- $'\rho(x, a_1) = \rho(x_1, a_1)' \wedge \cdots \wedge '\rho(x, a_{m_1}) = \rho(x_1, a_{m_1})' \Rightarrow x \in D_k$
  $\vdots$
- $'\rho(x, a_{m_1+1}) = \rho(x_1, a_{m_1+1})' \wedge \cdots \wedge '\rho(x, a_{m_2}) = \rho(x_1, a_{m_2})'$
  $\Rightarrow x \in D_k$

以上の手続きをすべての決定クラス D_k について行えば, 決定行列に内在する条件の長さが極小な決定ルールのすべてが求められる.

表8.2の決定表に内在する条件の長さが極小な決定ルールを求めよう. Fにより患者を分割すると, 2つの決定クラス $D_1 = \{p_1, p_2, p_4\}$, $D_2 = \{p_3, p_5, p_6\}$ が得られ, $C_*(D_1) = \{p_2, p_4\}$, $C_*(D_2) = \{p_3, p_6\}$ となる. まず D_1, すなわち

F = yes となる条件の長さが極小な決定ルールを求めよう。決定行列は次のようになる。

	p_3	p_5	p_6
p_2	$\{(H,no),(S,yes),(M,yes)\}$	$\{(S,yes),(T,high)\}$	$\{(H,no),(S,yes),(T,high),(M,yes)\}$
p_4	$\{(S,yes)\}$	$\{(H,yes),(S,yes),(T,high),(M,no)\}$	$\{(S,yes),(T,high)\}$

この決定表より

$$\bigvee_{i \in K_1^+} \bigwedge_{j \in K_1^-} \mathcal{L}(M_{ij}^k)$$
$$= (([H = no] \vee [S = yes] \vee [M = yes]) \wedge ([S = yes] \vee [T = high]))$$
$$\vee [S = yes]$$
$$= [S = yes] \vee ([H = no] \wedge [T = high]) \vee ([T = high] \wedge [M = yes])$$

となり，次の3つの条件の長さが極小な決定ルールが得られる。

- $[S = yes] \Rightarrow [F = yes]$
- $[H = no] \wedge [T = high] \Rightarrow [F = yes]$
- $[T = high] \wedge [M = yes] \Rightarrow [F = yes]$

同様にして D_2，すなわち F = no となる条件の長さが極小な決定ルールを求めよう。決定行列は次のようになる。

	p_1	p_2	p_4
p_3	$\{(H,yes),(T,high),(M,no)\}$	$\{(H,yes),(S,no),(M,no)\}$	$\{(S,no)\}$
p_6	$\{(H,yes),(T,normal),(M,no)\}$	$\{(H,yes),(S,no),(T,normal),(M=no)\}$	$\{(S,no),(T,normal)\}$

この決定表より

$$\bigvee_{i \in K_2^+} \bigwedge_{j \in K_2^-} \mathcal{L}(M_{ij}^k)$$

$= ([\mathrm{S} = \mathrm{no}] \wedge ([\mathrm{H} = \mathrm{yes}] \vee [\mathrm{T} = \mathrm{high}] \vee [\mathrm{M} = \mathrm{no}]))$

$\quad \vee ((([\mathrm{H} = \mathrm{yes}] \vee [\mathrm{T} = \mathrm{normal}] \vee [\mathrm{M} = \mathrm{no}]) \wedge ([\mathrm{S} = \mathrm{no}] \vee [\mathrm{T} = \mathrm{normal}]))$

$= ([\mathrm{H} = \mathrm{yes}] \wedge [\mathrm{S} = \mathrm{no}]) \vee ([\mathrm{S} = \mathrm{no}] \wedge [\mathrm{T} = \mathrm{high}])$

$\quad \vee ([\mathrm{S} = \mathrm{no}] \wedge [\mathrm{M} = \mathrm{no}]) \vee [\mathrm{T} = \mathrm{normal}]$

となり，次の4つの条件の長さが極小な決定ルールが得られる。

- $[\mathrm{H} = \mathrm{yes}] \wedge [\mathrm{S} = \mathrm{no}] \Rightarrow [\mathrm{F} = \mathrm{no}]$
- $[\mathrm{S} = \mathrm{no}] \wedge [\mathrm{T} = \mathrm{high}] \Rightarrow [\mathrm{F} = \mathrm{no}]$
- $[\mathrm{S} = \mathrm{no}] \wedge [\mathrm{M} = \mathrm{no}] \Rightarrow [\mathrm{F} = \mathrm{no}]$
- $[\mathrm{T} = \mathrm{normal}] \Rightarrow [\mathrm{F} = \mathrm{no}]$

8.7 上近似の利用について

8.6節で述べた方法では，下近似のみを用いて条件の長さが極小な決定ルールを導いていた。すなわち，与えられた決定表の観点から，確信してAならばBといえる決定ルールを導いていた。

しかし，決定表が過去の事例を集めたもので，どのような状況でどのような結果が生じうるかを示している場合や，決定表に含まれる条件属性が決定属性を表現するのに十分でない場合には，各決定クラスの下近似が極めて小さくなり，有用な決定ルールが得られないことがある。

これらの場合には，どのような結果がありうるかを知ることが有用となる。そこで，決定クラスD_kに帰属しうる対象の集まりである上近似$C^*(D_k)$に対応するルール，すなわち，AならばBで**ありうる**というルールを抽出することが考えられる。表8.1の(vii)より，$C_*(C^*(D_k)) = C^*(D_k)$が成立することに着目す

ると，上近似 $C^*(D_k)$ を決定クラスとして 8.6 節で述べた方法を適用することにより，上近似に基づいた条件の長さが極小なルールを抽出することができる．

一例として，表 8.1 の決定表から Flu = yes でありうることを導くルールを抽出しよう．$C_*(C^*(D_1)) = C^*(D_1) = \{p_1, p_2, p_4, p_5\}$ となるので，決定行列は

	p_3	p_6
p_1	$\{(H, no), (M, yes), (T, very high)\}$	$\{(H, no), (M, yes), (T, very high)\}$
p_2	$\{(H, no), (S, yes), (M, yes)\}$	$\{(H, no), (S, yes), (T, high), (M, yes)\}$
p_4	$\{(S, yes)\}$	$\{(S, yes), (T, high)\}$
p_5	$\{(H, no), (M, yes), (T, very high)\}$	$\{(H, no), (M, yes), (T, very high)\}$

となり，次の 4 つの条件の長さが極小なルールが求められる．

- [H = no] $\Rightarrow$ [F = yes] でありうる
- [T = very high] $\Rightarrow$ [F = yes] でありうる
- [M = yes] $\Rightarrow$ [F = yes] でありうる
- [S = yes] $\Rightarrow$ [F = yes] でありうる

$D_1 \subseteq C^*(D_1)$ であるので，得られたルールの条件が 8.6 節で述べたものより緩くなっていることがわかる．

8.8 おわりに──ラフ集合理論の展開

本章では，ラフ集合の定義と基本性質，情報表における識別不能関係と縮約，決定表と縮約，縮約の計算法，条件の長さが極小な決定ルールの列挙法などについて，簡単な例を交えて紹介した．ここで述べた方法では，すべての縮約，すべての極小な条件を持つ決定ルールを列挙する方法を紹介したが，これらを行うにはかなりの計算時間を覚悟しなければならない．現実には，いずれかの縮約，決定表内のすべての対象を正しく識別する最低限の決定ルールの集まり，あるいは質の良い決定ルールの集まりを求めるだけで十分であることが多く，これらを求めるアルゴリズムが議論されている[6,7]．

決定ルール $\Delta \Rightarrow \Gamma$ の質を評価するために，次のような指標が考えられている[7]。

$$\mathrm{Cer}(\Gamma|\Delta) = \frac{|\Gamma \wedge \Delta|}{|\Delta|} \tag{8.22}$$

$$\mathrm{Cov}(\Gamma|\Delta) = \frac{|\Gamma \wedge \Delta|}{|\Gamma|} \tag{8.23}$$

$$\mathrm{Supp}(\Gamma|\Delta) = \frac{|\Gamma \wedge \Delta|}{n} \tag{8.24}$$

ただし，$|\Gamma|$ などは，論理式 Γ を満たす対象の数を示し，n は決定表内の要素の数である。$\mathrm{Cer}(\Gamma|\Delta)$ は確信度と呼ばれ，そのルールがどの程度正しいかを示している。$\mathrm{Cov}(\Gamma|\Delta)$ は被覆度と呼ばれ，そのルールにより結論 Δ を説明できる対象の割合を示している。$\mathrm{Supp}(\Gamma|\Delta)$ は支持度と呼ばれ，そのルールを満たす対象が全体の何割にあたるかを示している。これら以外にも，種々の指標を考えることができる。

本章では，正しいルール，すなわち $\mathrm{Cer}(\Gamma|\Delta) = 1$ となるルールのみを対象として，極小な条件を持つルールを抽出した。決定属性が人間の判断により定められる場合などには，識別や判断の曖昧さや因果関係の漠然性などにより，$\mathrm{Cer}(\Gamma|\Delta) = 1$ となるルールが得られないこと，あるいは得られても極めて少数となることがある。このような場合，$\mathrm{Cer}(\Gamma|\Delta) < 1$ となるルールも考慮したほうが有用となることが多い。このようなルールの抽出の基礎となるラフ集合として，可変精度ラフ集合[8]が提案され，これに基づくルール抽出も研究されている[9]。また，確信度と被覆度を考慮した質の良いルールを求める方法も提案されている[7]。

一方，ここで述べたラフ集合では，属性値は名義尺度として取り扱われていて，属性値間の優劣，大小関係が考慮されていない。このため，直観に矛盾した結果が導かれることがある。これに対処するため，属性値間の順序関係を考慮したラフ集合が提案され，決定表の解析手法が提案されている[10]。第6章で述べられたグレード付きラフ集合も順序関係を考慮した決定表の一解析手法である。この手法では，順序のみならず強度も考慮している。より一般に，ラフ集合の定

義に用いられる同値関係あるいは分割を，一般の関係や集合族に拡張したラフ集合も提案され，現実の決定表のより柔軟な解析法が研究されている[11]。また，決定表内の属性値情報の一部が欠如している不完全決定表の解析手法も提案されている[12]。人間による識別の曖昧さを考慮すれば，各属性値間の境界は明確に定まるとは言い切れない。このような属性値の識別の曖昧性を取り扱うため，ファジィ理論を導入したラフ集合も考察されている[11]。

上述のように，ラフ集合は種々の一般化がなされている。ラフ集合についての新しい成果は，文献[13～17]などにまとめられているので，興味ある読者は参照してほしい。

【参考文献】

[1] Z. Pawlak : Rough sets, *Internat. J. Inform. Comput. Sci.*, Vol.11, No.5, pp.341–356 (1982)

[2] Z. Pawlak : "Rough Sets: Theoretical Aspects of Reasoning about Data", Kluwer Academic Publishers (1991)

[3] A. Skowron and C. M. Rauser : The discernibility matrix and functions in information systems, in: R. Słowiński (ed.) "Intelligent Decision Support: Handbook of Application and Advances of the Rough Set Theory", Kluwer Academic Publishers, pp.331–362 (1992)

[4] J. Stefanowski : On rough set based approaches to induction of decision rules, in: A. Skowron and L. Polkowski (eds.) "Rough Sets in Knowledge Discovery", Vol.1, Physica Verlag, pp.500–529 (1998)

[5] N. Shan and W. Ziarko : Data-based acquisition and incremental modification of classification rules, *Computational Intelligence*, Vol.11, pp.357–370 (1995)

[6] J. W. Grzymala-Busse : LERS — A system for learning from examples based on rough sets, in: R. Słowiński (ed.) "Intelligent Decision Support: Handbook of Application and Advances of the Rough Set Theory", Kluwer Academic Publishers, pp.3–18 (1992)

[7] S. Tsumoto : Automated induction of medical expert system rules from clinical databases based on rough set theory, *Information Sciences*, Vol.112, pp.67–84 (1998)

[8] W. Ziarko : Variable precision rough set model, *Journal of Computer and System Sciences*, Vol.46, pp.39–59 (1993)

[9] S. Cheshenchuk and W. Ziarko: Mining patient data for predictive rules to determine maturity status of newborn children, *Bulletin of International Rough Set Society*, Vol.3, pp.23–26 (1999)

[10] S. Greco, B. Matarazzo and R. Słowiński: The use of rough sets and fuzzy sets in MCDM, in: T. Gal, T. J. Stewart and T. Hanne (eds.) "Multicriteria Decision Making: Advances in MCDM Models, Algorithms, Theory, and Applications", Kluwer Academic Publishers, pp.14-1–14-59 (1999)

[11] 乾口:ラフ集合の一般化—類似関係, ファジィ関係, 順序関係の下でのラフ集合—, 日本ファジィ学会誌, Vol.3, No.6, pp.562–570 (2001)

[12] M. Kryszkiewicz: Rough set approach to imcomplete information systems, *Information Sciences*, Vol.112, pp.39–49 (1998)

[13] 日本ファジィ学会誌, Vol.3, No.6:特集 ラフ集合の理論と応用 (2001)

[14] W. Ziarko and Y. Yao (eds.): "Rough Sets and Current Trends in Computing: Revised Papers of Second International Conference, RSCTC 2000", Springer-Verlag (2002)

[15] J. J. Alpigini, J. F. Peters, A. Skowron and N. Zhong (eds.): "Rough Sets and Current Trends in Computing: Proceedings of Third International Conference, RSCTC 2002", Springer-Verlag (2002)

[16] M. Inuiguchi, S. Hirano and S. Tsumoto (eds.): "Rough Set Theory and Granular Computing", Springer-Verlag (2003)

[17] G. Wang, Q. Liu, Y. Yao and A. Skowron (eds.): "Rough Sets, Fuzzy Sets, Data Mining, and Granular Computing", Springer-Verlag (2003)

おわりに

　今日では，コンピュータが身近なものになって久しく，あらゆる情報がインターネットを通じて豊富に，しかも容易に入手できる時代となりました。まさに，どのような産業もITの助けなくしては成立しなくなってきました。デザインや商品企画といった"感性"に密接した分野も例外ではありません。

　しかし，一般的な製造メーカーのデザインや商品企画段階において，その関連する情報が的確に抽出・分析され，実際のもの作りに有効に活かされているかについては，まだまだ疑問を感じます。この主な原因としては，得られた情報をどのような手法でどのように分析すれば，いかなる新たな情報を創出することができるのかというデータマイニングの各手法が学術的には研究されても，実務へ応用することを前提とした教育やその手法を身に付けた人材がまだ不足しているからでしょう。また，それを支援する専門書も必ずしも多くありません。加えて，ラフ集合などのデータマイニング手法を実務へ応用しようと考えた際，そのためには数学などの専門知識から実際の実務に関する知識まで，学際的かつ幅広い知識や視野が要求されることもその一因と考えられます。しかしながら，このラフ集合をはじめとするデータマイニングの各手法を製品開発に有効に応用できるか否かは，企業にとっては意思決定のスピードや正確さを左右し，その企業の生命線にかかわってくるのは必至です。それゆえに，本書で紹介するラフ集合をはじめとするデータマイニング手法の重要性が，昨今広く認知されるようになってきました。

　そこで，本書では上記のことを念頭に置き，ラフ集合をはじめて学ぶ学生や実務への応用を考えている社会人を対象に，入門から応用，さらに理論へと，読者の幅広いニーズや勉強の進み具合にあわせて学修できるように工夫しました。さらに，上述のようにラフ集合をはじめとするデータマイニングの各手法を使いこなすことは，学際的，実学的な側面も大いに有しています。つまり，単に理

論や応用例を学べば，誰でも簡単にラフ集合を実務に応用できるというものではありません．それを実務へ有効に応用するには，対象となる諸問題に対して，カテゴリーの分類方法やサンプルの収集方法なども含めラフ集合をどのように用いればよいのかなど，かなりの実体験を要します．

　このような背景から，本書で使われているソフトウェア（縮約の算出，決定ルールの算出，ならびに決定ルールの併合の3種類）を用意しました．ラフ集合に関してより理解を深めたい読者や実務への応用を考えている読者は，これらのソフトウェアを利用して，単に本書を読み，理論や応用例を学ぶだけでなく，実際に読者自身の持つ例題を分析してみることが可能となっています．この経験を通して，読者がより深くラフ集合を理解し，その有効性，可能性を実感してくれることを切望します．

　なお，本ソフトウェアは株式会社ホロン・クリエイト（http://www.hol-on.com）から購入することができます．入手方法や使用方法に関しては，第2章を参照してください．また，これらのソフトウェアはいろいろなデータを用いて，算出結果に誤りがないかを調べてありますが，もし問題がありましたら，同社のホームページを通して問い合わせてください．

編　者

索　引

【A】
accuracy　169
and結合　6

【C】
C.I.　23
C.I.値　86
Column Score　83
Combination Rate　90
condition attribute　168
core　160, 168, 170
Covering Index　23

【D】
decision attribute　168
decision matrix　174
decision table　168
Distribution Score　89

【I】
If Thenルール　159
indiscernibility relation　167
information system　166
information table　166

【L】
lower approximation　155, 165

【N】
negative region　165
NP困難　108

【O】
or結合　6

【P】
positive region　165
possible region　165

【Q】
quality of approximation　169

【R】
reduct　168, 170
relative reduct　170
rough approximation　156
rough set　165

【S】
S.C.I.　107

【U】
upper approximation　155, 165

【い】
遺伝的アルゴリズム　35
イメージ　79

【か】
核　160
確信度　179
家族的類似性　32
可能解　156
可能的なルール　161
可能領域　165
可変精度ラフ集合　179
上近似　13, 155, 156, 161, 165
感性工学　3, 81

【き】
基本集合　9
境界　165
極小決定ルール　18, 174
近似精度　25, 169
近似の質　25, 169

【く】
空集合　6
組み合わせ最適化問題　107
組み合わせパターン　97
組み合わせ表　85
組み合わせ率　90
グレード　132

【け】
形態要素　80
決定行列　174
決定クラス　12
決定属性　71, 72, 93, 168
決定属性集合　14
決定表　11, 168
決定ルール　71
決定ルール条件部　82, 132
決定ルール条件部算出　56

【こ】
コア　17, 168, 170
構成要素　6
コラムスコア　83
コラムスコアの閾値　89

【し】
識別行列　15, 171
識別不能関係　167
支持度　179
下近似　13, 138, 155, 156, 160, 165
重回帰分析　105
集合演算　6
縮約　10, 168, 170

縮約算出　52
条件属性　71, 96, 168
条件属性集合　14
情報システム　166
情報表　7, 166

【す】
推移性　164
推論　26
数量化理論I類　105
数量化理論II類　36
数量化理論III類　67

【せ】
正準相関分析　95
正領域　165
積集合　6
選好併合ルール条件部　107
選好ルール条件部　106

【そ】
相対縮約　170
双対な関係　157
属性　7, 86
属性の縮約　159
属性値　7

【た】
対称性　164
態度　79
多人数ルール条件部併合アルゴリズム　106
多人数ルール条件部併合システム　110

【ち】
知識獲得　26

【て】
適合値　46

索 引　187

【と】
同値関係　8, 158, 164
同値類　164
特徴　4

【に】
ニューラルネットワーク　35
認知　79

【は】
配分スコア　89
配分スコアの閾値　89
反射性　164

【ひ】
非線形　82
非選好併合ルール条件部　110
非選好ルール条件部　107
必然解　156
必然的ルール　160
被覆度　179

【ふ】
部分集合　6
負領域　165
分割　164
分割の近似の質　25

【へ】
併合 C.I. 値　44
併合方法　123
併合ルール条件部　44
併合ルール条件部算出　60

【ら】
ラフ近似　156
ラフ集合　165
ラフ集合の基本性質　166
ラフ集合ソフトウェア　51
ラフ集合理論　71

【ろ】
論理演算　7

【わ】
和集合　6

＜編者紹介＞

森　典彦（もり　のりひこ）

1955年	東京大学工学部応用物理学科卒業 HfG Ulm（ドイツ・ウルム造形大学）にてデザイン方法論研究，日産自動車造形スタジオ部長，同社商品開発室総合計画部主管を経て
1984年	千葉大学工学部工業意匠学科教授
1994年	東京工芸大学芸術学部教授 同学部特任教授を経て2003年退職
［著書］	デザインの工学（朝倉書店，1991）ほか

田中英夫（たなか　ひでお）

1962年	神戸大学工学部計測工学科卒業，ダイキン工業総合研究所研究員
1969年	大阪市立大学大学院博士課程修了（工学博士） 大阪府立大学工学部経営工学科助手，カリフォルニア大学電気計算機学科客員研究員，アーヘン工科大学OR学科フンボルト財団研究員，カンサス州立大学化学工学科研究員を経て
1987年	大阪府立大学教授
2000年	大阪府立大学名誉教授/豊橋創造大学経営情報学科教授 広島国際大学心理科学部感性デザイン学科教授を経て2009年退職
［著書］	ソフトデータ解析（共著：朝倉書店，1994）/Possibilistic Data Analysis for Operations Research（共著：Physica-Verlag, 1999）/多変量解析実例ハンドブック（分担：朝倉書店，2002）ほか

井上勝雄（いのうえ　かつお）

1978年	千葉大学大学院工学研究科工業意匠学専攻修了 三菱電機デザイン研究所インタフェースデザイン部長を経て
現　在	広島国際大学心理科学部感性デザイン学科教授　博士（工学）
［著書］	デザインと感性（編者：海文堂出版，2005）/ラフ集合の感性工学への応用（編者：海文堂出版，2009）/エクセルによる調査分析入門（海文堂出版，2010）/区間分析による評価と決定（共著：海文堂出版，2011）ほか

ISBN978-4-303-72390-3
ラフ集合と感性

2004年4月15日	初版発行	© N.MORI/H.TANAKA/K.INOUE 2004
2011年9月15日	3版発行	

編　者　森典彦・田中英夫・井上勝雄　　検印省略
発行者　岡田節夫
発行所　海文堂出版株式会社

　本　社　東京都文京区水道2-5-4（〒112-0005）
　　　　　電話 03(3815)3292　FAX 03(3815)3953
　　　　　http://www.kaibundo.jp/
　支　社　神戸市中央区元町通3-5-10（〒650-0022）

日本書籍出版協会会員・工学書協会会員・自然科学書協会会員

PRINTED IN JAPAN　　　　　　　印刷 ディグ／製本 小野寺製本

JCOPY ＜(社)出版者著作権管理機構 委託出版物＞
本書の無断複写は著作権法上での例外を除き禁じられています。複写される場合は，そのつど事前に，(社)出版者著作権管理機構（電話 03-3513-6969，FAX 03-3513-6979，e-mail: info@jcopy.or.jp）の許諾を得てください。

図書案内

ラフ集合の感性工学への応用
井上勝雄 編
A5・256頁・定価(本体2,800円＋税)
ISBN978-4-303-72393-4

感性という視点から商品開発やサービス開発、製品デザインなどを行う際の手法であるラフ集合理論の、感性工学に関する応用事例集。企業関係者にも参考になる身近な事例を選出。可変精度ラフ集合も詳しく紹介。ラフ集合ソフト(別売)使用法の解説付。

商品開発と感性
長町三生 編
A5・260頁・定価(本体2,800円＋税)
ISBN978-4-303-72391-0

最近の感性製品の事例を中心に、感性の測定や感性から設計へ至る過程および統計手法の使いかたなどをわかりやすく記述。新しい手法である「ラフ集合論」の感性工学への応用についても多くのページを割いている。

デザインと感性
井上勝雄 編
A5・288頁・定価(本体2,900円＋税)
ISBN978-4-303-72392-7

ロングライフデザイン、ユニバーサルデザイン、環境に配慮したデザイン、インタフェースデザイン、デザインのデジタル化、デザインマネージメント、デザインコンセプト、マーケティング、デザイン評価などについて、各分野の代表的専門家が執筆。

数理的感性工学の基礎
—感性商品開発へのアプローチ
長沢伸也・神田太樹 共編
A5・160頁・定価(本体2,200円＋税)
ISBN978-4-303-72394-1

感性評価の概要、心理物理学、SD法と主成分分析、ニューラルネットワーク、GA、ラフ集合、AHPといった感性工学で用いられる数理的手法の解説と感性工学への適用例から構成。感性商品開発に携わる実務家ならびに感性工学研究者の必読書。

エクセルによる調査分析入門
井上勝雄 著
A5・208頁・定価(本体2,000円＋税)
ISBN978-4-303-73091-8

商品企画やデザイン部門でマーケティング、デザインコンセプト策定に携わる読者に、実践的例題により、基本的な統計的検定の考え方から、尤度関数を用いた最新の多変量解析手法、ラフ集合や区間分析の手法まで幅広く解説。(別売エクセルVBAソフトあり)

表示価格は2011年8月現在のものです。
目次などの詳しい内容はホームページでご覧いただけます。
http://www.kaibundo.jp/